化学工业出版社“十五五”普通高等教育规划教材

普通化学实验

第二版

PUTONG HUAXUE SHIYAN

李奕霖 主编

但春 马晓艳 副主编

化学工业出版社

·北京·

内容简介

《普通化学实验》第二版继承了上一版实用够用的特色，精选15个实验项目。内容涵盖三个核心板块：基本操作训练以及基本仪器的使用方法；化学性质与化学理论的验证实验，包括一些关键化学数据如平衡常数的测定；若干紧密联系专业实际或紧扣学科前沿热点的应用化学实验。本书体现跨学科融合理念，将化学学科与电子、土木、环境、地质工程等工科专业深度融合，致力于达成“理论-实验-工程”的三维联动教学模式。

《普通化学实验》第二版可作为高等理工院校环境科学与工程、新能源科学与工程、电子工程、地质工程等非化学专业的大一学生的教材，也可供相关人员参考。

图书在版编目（CIP）数据

普通化学实验 / 李奕霖主编 ；但春，马晓艳副主编. 2版. -- 北京 ：化学工业出版社，2026. 3. --（化学工业出版社“十五五”普通高等教育规划教材）. -- ISBN 978-7-122-49689-8

Ⅰ. O6-3

中国国家版本馆CIP数据核字第20255BF500号

责任编辑：宋林青　　文字编辑：刘志茹
责任校对：李　爽　　装帧设计：史利平

出版发行：化学工业出版社
（北京市东城区青年湖南街13号　邮政编码100011）
印　　装：大厂回族自治县聚鑫印刷有限责任公司
710mm×1000mm　1/16　印张8¼　字数160千字
2026年3月北京第2版第1次印刷

购书咨询：010-64518888　　售后服务：010-64518899
网　　址：http://www.cip.com.cn
凡购买本书，如有缺损质量问题，本社销售中心负责调换。

定　　价：25.00元

第二版前言

化学，作为一门在原子和分子层面探究物质组成、结构、性质及其变化规律的科学，是构筑自然科学的重要基石。而普通化学实验，旨在为学习者引入化学的基本原理与基础化学知识，通过研习这门课程，同学们不仅能够熟练掌握基础化学实验操作技能，深化对化学理论的理解，还将学会分析实验数据，具备发现并解决实际问题的能力，真正实现理论与实践的有机结合。这一过程不仅有助于培养同学们严谨的科学态度，更能让大家亲身感受科学研究的全过程。因此，《普通化学实验》课程的开设具有多维度的重要意义，它是理工科非化学化工专业知识体系中不可或缺的基础课程，对后续专业课程的学习以及大家未来的职业发展均起着关键作用。

本版实验教材在保留上一版短小精悍特色以及原有体系结构的基础上，进行了全面优化与调整。本书内容涵盖三个核心板块：其一，聚焦基本操作训练以及基本仪器的使用方法；其二，着重于化学性质与化学理论的验证实验，包括测定一些关键化学数据如平衡常数；其三，采编了若干紧密联系专业实际或紧扣学科前沿热点的应用化学实验。针对开设普通化学课程的地质工程、土木工程、新能源科学与工程、地下水科学与工程等专业，教材依据各专业特性对实验内容进行了优化。本书充分体现跨学科融合理念，将化学学科与土木、电子、环境、地质工程等工科专业深度融合，致力于达成“理论-实验-工程”的三维联动教学模式。在实验基础知识章节，详细介绍了药品纯度、实验用水标准以及实验安全注意事项等实验前期准备要点，同时对常见的加热、制冷等操作进行了详细描述，方便工科学生自学化学实验，甚至助力他们自主开展与解决工科问题相关的化学实验。

顺应时代发展需求，教材融入了部分思政元素，例如绿色化学理念、化学品安全知识以及我国在相关科技领域取得的重大成就等内容。本书编写时注意将党的二十大精神融入教材，希冀能为引领教育方向、培养担当民族复兴大任的时代新人贡献一份力量。此外，本书为新形态教材，拓展材料、复杂演算内容、自测题答案扫描正版图书封底二维码后可查看，便于同学们拓展提高及自我检测学习成效。

本书由成都理工大学基础教学部的多位老师共同编写完成，李奕霖担任主编，但春、马晓艳任副主编。具体编写分工如下：李奕霖负责第1部分、实验四、实验九；但春负责实验五、实验十五；马晓艳负责实验八；王岚负责实验一、实验十三；王羽负责实验二、实验六；王关民负责实验三；孔祥建负责实验七、实验十一；姚瑶负责实验十；李诚负责实验十二；王雪婷负责实验十四。

本书是普通化学实验改革的尝试，肯定存在不妥之处，欢迎读者批评指正。

编　者

2025年4月于成都

第一版前言

化学（chemistry）是在原子和分子水平上研究物质的组成、结构、性质及其变化规律和变化过程中能量关系的科学。普通化学（general chemistry）作为一门介绍化学基本原理和基础知识的课程，是培养全面发展的现代工程技术人员知识结构和综合素质的重要组成部分。因此，普通化学是非化学化工类理工科专业必不可少的基础知识结构课程，对专业课程学习及今后的发展都有着十分重要的作用。

普通化学实验（general chemistry experiments）是普通化学的重要组成部分。实验课不仅能巩固、扩大和加深基本理论知识，更重要的是能培养学生理论联系实际的能力，培养其分析、解决问题的能力和创新能力，增强工程意识。近年来，随着构建创新性社会的时代要求及教学改革的深入，对普通化学及其实验教学提出了新的要求和挑战，如内容增加而学时减少。因此，有必要编写一本新的实验教材，以适应普通化学课程改革的需要。

根据教育部制定的“工科《普通化学》教学基本内容框架”，对普通化学实验有下列四个方面的要求：

（1）基本操作训练和仪器的使用

加热方法，玻璃仪器的使用，试剂的取用，沉淀分离，容量瓶、移液管和滴定管的使用，分析天平、pH 计、电导仪和分光光度计的使用。

（2）性质或理论的验证

如化学反应速率、解离平衡与沉淀反应、氧化还原反应与电化学、某些单质及化合物。

（3）数据的测定

如化学反应热效应、溶液的 pH 值、解离常数、电导率、电极电势或原电池电动势。

（4）密切结合实际的应用化学实验

可选择开设例如水的净化，工业废水的处理，钢铁中锰含量的测定，电化学抛光，电镀与塑料镀，纳米材料的制备，COD 的测定，蔬菜或水果中维生素 C 含量的测定，含碘食盐中碘含量的测定等实验。

本书包括基本操作实验、综合实验、设计实验三部分，共 18 个项目。

本教材的特点是：

实验选取注意满足教育部制定的“工科《普通化学》教学基本内容框架”的要求；

注意增加了综合型及设计型实验的比例，以培养学生的科学思维方法和创新意识；

注意培养学生的环境保护意识；

精选实验思考题，加深学生对理论知识的理解和应用。

参加本书编写的有：李绛、梁渠、王关民、刘光灿、闫书一、李奕霖、马晓艳、王岚、孔祥健、李诚、周志凌，最后由梁渠统稿定稿。

本书是普通化学实验改革的尝试，肯定存在许多不足之处，欢迎读者批评指正。

编者

2011年4月于成都

目　　录

第1部分　实验基础知识 …… 1
1.1　实验基本要求 …… 1
1.2　实验室须知 …… 4
1.3　常见仪器与药品知识 …… 7
1.4　基本实验操作 …… 16
1.5　数据测定的准确性和有效数值 …… 21

第2部分　实验内容 …… 27
实验一　化学反应摩尔焓变的测定 …… 27
实验二　化学反应速率与活化能——数据表达与处理 …… 31
实验三　乙酸解离度和解离平衡常数的测定——pH计的使用 …… 36
实验四　解离平衡 …… 39
实验五　溶解平衡 …… 43
实验六　氧化还原反应和氧化还原平衡 …… 47
实验七　硫酸亚铁铵的制备 …… 54
实验八　油田污水中含油量的测定（重量法） …… 57
实验九　铬天青S分光光度法测砂石表面的铝离子含量 …… 60
实验十　基于黏土无机矿物材料的全固态超级电容器的制备 …… 63
实验十一　稀溶液黏度法测定聚丙烯酰胺的特性黏数和分子量 …… 67
实验十二　从茶叶中提取咖啡因 …… 73
实验十三　表面张力仪测试表面张力 …… 78
实验十四　柔性水系锌离子电池的组装与测试 …… 82
实验十五　氨水沉淀分离-碘量法测定铜矿石中的铜 …… 86

附录 …… 90
附录一　常见离子的颜色 …… 90
附录二　常见化合物的颜色 …… 91
附录三　常见离子的简易鉴定方法 …… 91
附录四　常见平衡常数表 …… 94
附录五　标准电极电势 …… 113

参考文献 …… 124

第1部分　实验基础知识

1.1　实验基本要求

实验是化学教育中不可或缺的重要组成部分，它要求实验者具备严谨的态度、细致的操作、敏锐的观察力和良好的分析能力。通过预习、实验、数据处理、总结与反思以及撰写实验报告等环节的实践，实验者不仅能够掌握实验技能，提升思辨能力，还能够培养创新思维和解决问题的能力。因此，在实验过程中，实验者应始终保持科学、严谨的态度，不断学习和进步，为未来的科研工作打下坚实的基础。

以下从预习、实验、数据处理、总结与反思、实验报告书写及几种典型实验报告格式几个方面进行说明。

1.1.1　预习

预习是实验成功的第一步，它有助于学生了解实验目的、原理、步骤和所需试剂、设备，从而在听指导教师讲解的时候做到心中有数，带着问题听讲。

（1）了解实验目的

明确实验要解决的化学问题或验证的理论，有助于在实验过程中明确目的，思考结论。

（2）理解实验原理

深入理解实验背后的科学原理，这是进行实验设计和过程分析、结果分析的基础。

（3）了解实验步骤

通过预习，了解实验的具体步骤和操作要点，确保在实验时能够有条不紊、按部就班地进行。

（4）了解新设备、新方法和药品性能

根据实验所需的仪器、试剂与步骤，预习仪器的使用原理与方式，如学习 pH 计的使用；了解新的实验操作，如外推法溯源；了解所需使用药品的 SDS（Safety Data Sheet）、NFPA704 特征。

拓展材料：什么是 SDS 和 NFPA704?

1.1.2　实验

实验是动手操作、观察现象、收集数据、分析推理、产生结论的过程，要求实验者具备严谨的态度、细致的操作和敏锐的观察力。

(1) 严格遵守操作规程

按照指导教师讲解的实验步骤进行操作，注意细节，避免误操作导致实验失败或安全事故。

(2) 观察并记录实验现象和数据

在实验过程中，要密切观察实验现象的变化，如颜色、温度、仪器数值等，并及时拍照、记录，为后续的数据处理和分析提供依据。

(3) 团队协作

团队内要保持良好的沟通，分工明确，相互配合，共同完成实验任务。但同组人员绝不可以照抄实验报告，需要各自对数据和现象进行独立的分析，独立得出结论。

(4) 灵活应变

实验过程中可能会遇到各种意外，如设备故障、试剂变质、操作失误等，此时要冷静分析，及时调整实验方案，不可一味重做。

1.1.3 数据处理

数据处理是实验的重要环节，分析现象和数据结果，从而得出实验结论，这样的推理过程是化学学习者的必备技能。

(1) 整理原始数据

将实验过程中记录的数据整理成表格或图表，对比观察变化和趋势，或者进行相应的数学处理，形成实验结果。

(2) 数据整理

对于一些明显的异常值，如重复记录、不合理值等，必要时进行修正或剔除。

(3) 分析数据、结果，形成结论

寻找数据、结果中的变化和趋势，与已学习的理论结合，验证某些化学理论或者形成新的实验结论，验证实验目的是否达成。

1.1.4 总结与反思

总结与反思是实验过程中不可或缺的一环，它有助于实验者总结经验教训，提升实验技能和创新思维。

(1) 总结实验成果

回顾实验过程，总结实验目的是否达成，数据是否可靠，结论是否科学。

(2) 分析实验问题，反思实验方法

客观分析实验过程中遇到的问题和困难，如操作失误、设备故障等，反思如何改进或者避免类似问题，为今后的学习提炼出有价值的经验教训。甚至可以进一步考虑实验是否有可提升、优化之处，不断提升自身实验水平。

1.1.5　实验报告

实验报告是实验全过程的书面表达，它要求实验者具备清晰的逻辑、准确的语言和规范的格式。撰写实验报告是科研工作者将来撰写科技论文的必经之路。

（1）格式规范

后续章节将通过完整的几个示例，分别针对试管型实验，合成型实验和理论验证型实验示范完整的实验报告格式。

（2）内容完整

所有实验报告都需要包括实验目的、实验原理、仪器与药品、实验步骤、数据处理、实验结果和实验结论、实验反思等几个部分。确保信息的完整性和准确性。

（3）逻辑清晰

报告内容应按照实验过程的逻辑顺序进行组织，条理清晰，语言简洁、准确。

（4）语言严谨

使用科学、规范的语言进行描述和分析，避免言过其实和主观感情色彩。

（5）图表清晰美观

报告中使用的图表可用铅笔直尺手绘，也可以借助计算机绘图。应清晰、舒展，直观地展示数据和结果。

（6）结论明确

基于现象和数据分析结果，提出明确的结论，如验证了某某理论，得到了某某产品。

在实验报告的撰写过程中，实验者应注重培养自己的逻辑分析能力、批判性思维和创新能力。基于自身的实验结果进行分析，借鉴他人的优秀之处，而不能仅仅照抄数据和结论。

1.1.6　不同性质实验的实验报告格式

实验结束后，学生需基于实际操作，将实验的要点内容——包括实验目的、实验原理、操作步骤及所得结果和结论，以精练的文字整理成书面报告，并在规定时间内提交给指导教师审阅。一份完整的化学实验报告书写注意事项见上节。对于能够得出确切数值结果的实验，还应进行误差分析，以增强结果的可靠性。

撰写实验报告时，应力求记载清晰、结论明确、文字表述简练且逻辑性强，同时保持书写整洁，以便他人阅读和理解。鉴于化学反应条件对实验结果具有决定性影响，特别是涉及测量的实验，温度和压强等因素的波动往往会对实验结果产生显著影响，因此，各类化学实验报告通常还需包含对这些关键条件的记录和分析，以确保报告的全面性和准确性。

实验课程：　　　　所在班级：　　　　指导教师：

学生姓名：　　　　学号：　　　　同组人：

实验条件：温度 ℃ 压强 kPa 湿度 %

实验时间： 年 月 日

各种实验报告的书写大致相同，但因实验类型不同而有所差异。测量实验的报告是最基础的，是可用于几乎全部实验报告的基础格式，其包含实验目的、原理、过程、原始数据、数据分析、结果、结论等全部实验要素。如果是试管实验，也就是实验内容以试管中混合试剂，观察化学反应颜色、状态等变化为主，则通常要求按照性质实验报告的表格书写，三列表头分别为实验步骤（操作）、实验现象、解释和结论（包括反应式）。如果是制备实验，则可以按流程图样式，也就是用不同的方框和箭头串起实验操作步骤，并注明条件和注意事项，简明扼要。三类实验的报告示例可扫码查看。

拓展材料：实验报告示例

1.2 实验室须知

实验室是科学探索与创新的重要场所，每一位进入实验室的人员都应当秉持严谨、安全、环保的原则，确保实验活动的顺利进行及人员安全。

1.2.1 实验室规则

实验室规则是确保实验室秩序井然、实验活动高效有序进行的基础。每位进入实验室的人员都应严格遵守以下规则。

（1）预约登记

所有实验活动需提前向实验室管理员预约（课表可看作一种预约），并登记实验人员、内容、所需设备及材料等信息。未经预约，不得擅自进入实验室。

（2）着装规范

进入实验室应穿着实验服，可考虑佩戴防护眼镜、手套等个人防护装备。长发应束起，避免佩戴首饰，以免在实验过程中造成意外伤害。

（3）保持整洁、安静

实验室应保持整洁有序，实验器材应摆放整齐，实验垃圾应及时清理并分类投放至指定垃圾桶内。不得在实验室内打闹、喧哗。

（4）清点仪器

实验前要对照实验内容清点仪器，如发现缺损，要报告指导教师，按规定手续补领。

（5）遵守操作规程、爱护设备

严格按照实验指导书或指导教师的指导进行实验操作，不得擅自更改实验步骤或条件。实验时要爱护财物，轻拿轻放，小心参照规程使用仪器和设备，并检查设备状态是否良好。使用后应及时归还至原位，如将仪器损坏需立即报告指导教师，甚至可能需要按规定给予适当赔偿。使用公用试剂和药品一般不要从架上取下。若取下，用过后应立即放回原处。取用试剂或药品后，应立即将滴管或瓶塞盖回原瓶，避免搞混、沾污试剂或药品。节约使用药品和水电。

(6) 禁止饮食

实验室内严禁饮食，以免污染实验环境或造成食品中毒等安全隐患。

(7) 团队协作

实验过程中应保持良好的团队协作精神，相互帮助、共同进步。

(8) 翔实记录实验数据

实验过程中应详细记录实验数据及实验现象，确保实验结果的准确性和可追溯性。

(9) 离开检查

实验完毕，应将用过的玻璃仪器洗涤干净，摆放整齐，清理好实验台面和地面。离开实验室前，应检查实验设备是否关闭，水电是否切断、门窗是否关好等，确保实验室安全。

1.2.2 实验室安全守则

化学实验室中有易燃、易爆、具有腐蚀性或毒性的试剂药品，所以进行化学实验时，必须树立安全第一的思想意识，严格遵守安全守则，避免意外事故的发生。每位进入实验室的人员都应遵守以下安全守则。

(1) 熟悉安全设施

进入实验室前，应了解实验室内的安全设施，如灭火器、洗眼器、沙箱、灭火毯、急救箱等的位置及使用方法。

(2) 了解化学品性质

化学品应分类存放于指定位置，并贴上明显的标签。使用化学品前应查看其安全数据表（SDS），以了解其性质、危害及应急处理措施。

(3) 注意防火安全

实验室内严禁吸烟，严禁使用明火。易燃物质应尽可能远离火源。加热易燃易爆物质要注意温度，不干烧加热设备。

(4) 注意电气安全

数台加热设备同时运行时留意电器负荷。使用电器设备时应避免湿手操作，以免触电。

(5) 使用通风橱

实验室应通风良好。产生有刺激性或有毒气体的实验，应在通风橱内进行。加热操作也应尽量在通风橱内进行。

(6) 了解紧急疏散路线

应熟悉实验室的紧急疏散路线及集合点，并在紧急情况下迅速、有序地撤离。

(7) 报告安全隐患

发现安全隐患或异常情况时，应立即向实验室管理员或教师报告，并采取适当的应急措施。

(8) 正确处理实验后的化学品

实验过程中，使用和生成有毒和污染环境的药品，都不能直接倒入下水道，都应倒入废液回收桶。普通酸碱盐要酸碱中和、足够稀释后再排放到下水道。固体药品和打碎的玻璃仪器不要直接扔入普通垃圾桶。

具体的化学实验注意事项还包括：禁止随意混合各种试剂或药品，以免发生意外事故。加热试管时，不要将试管口对着自己或别人。实验时不要俯视正在加热的液体，以免液体溅出，受到伤害。嗅闻气体时，应用手轻拂气体。浓酸、浓碱具有强腐蚀性，尽量不要溅在衣物或皮肤上，尤其注意保护眼睛。稀释浓硫酸时，应将浓硫酸慢慢倒入水中，绝不能将水向浓硫酸里倒，以免迸溅。有毒药品（重铬酸钾、钡盐、砷的化合物、汞的化合物等，特别是氰化物）不得进入口内或接触伤口。

1.2.3 意外事故处理

实验室中可能遇到的意外事故的处理方法如下：

(1) 防火

发现火情时，应立即大声呼喊，提示同学疏散。若因实验中使用的酒精、苯或乙醚等起火，应立即用湿布或沙土（实验室内备有灭火沙箱）等扑灭。若遇电器设备着火，必须先切断电源，再用二氧化碳或四氯化碳灭火器灭火。

(2) 防爆炸、割伤

检查加热设备周围不能存放易燃易爆物品。若加热中的玻璃仪器发生炸裂，人的眼睛或皮肤溅上强酸或强碱，应立即用大量水冲洗，然后相应地涂抹碳酸氢钠溶液或硼酸溶液。被玻璃割伤时，伤口内若有玻璃碎片，须先挑出，然后抹上碘伏。如流血可能需要考虑压迫止血。

正确放置、拿握化学品，某些化学品，比如硝酸铵晶体可能因为误碰或者没有拿稳，掉落而发生爆炸。

(3) 防烫伤、灼伤

需使用工具而不能直接用手拿电热板上加热的物质。若发生烫伤或灼伤事故，应立即用冷水冲洗伤口，以降低温度并减少疼痛。若皮肤或眼睛接触腐蚀性化学品，应立即用大量流动清水冲洗，必要时送医。

(4) 防中毒

实验室内应保持良好的通风条件，正确使用通风橱，以降低有毒物质的浓度。

若人员中毒，应立即将其移至空气新鲜处，并拨打急救电话。同时，应根据中毒物质的性质采取相应的急救措施，如催吐、洗胃等。

1.2.4 绿色化学与实验室“三废”处理

为了保护环境和维护人类健康，绿色化学是一种旨在从源头上减少对人类健康和生态环境有害物质的化学理念。它强调在化学品相关的应用过程中，应尽可能减少对环境的负面影响。绿色化学倡导使用无毒或低毒的物料，提高化学品的利用率，同时减少废弃物的产生。同时，绿色化学还注重废弃物的回收和再利用，以实现资源的最大化利用。因此，我们应该积极践行这一理念，为构建美丽中国贡献自己的力量。通过改进实验方法、使用环保型化学品等措施，减少“三废”（废气、废水、固体废物）的产生，为保护环境贡献自己的力量。

综上所述，实验室规则、安全守则、意外事故处理及“三废”处理等内容是实验室工作中不可或缺的重要部分。每位进入实验室的人员都应严格遵守相关规定，确保实验活动的顺利进行及人员安全。同时，我们也应积极践行绿色化学理念，为保护环境贡献自己的力量。

1.3 常见仪器与药品知识

1.3.1 化学试剂的规格、纯度、存放与取用安全

（1）药品纯度

实验试剂的纯度是化学实验中非常重要的一个指标，它直接影响到实验结果的准确性、可靠性和可重复性。根据不同的纯度级别，化学试剂可以分为多个等级，包括高纯、光谱纯、优级纯、分析纯、化学纯和实验纯等。本课程的实验药品采用化学纯即可。

优级纯（G. R.）：这种试剂的纯度最高，通常达到99.8%，适用于精密分析和科学研究工作。其杂质含量最低，适合用于需要高精度的实验场合。

分析纯（A. R.）：分析纯试剂的纯度为99.7%，略低于优级纯，但仍然适用于重要的分析及一般研究工作。这种试剂通常用于需要较高精度的化学分析中。

化学纯（C. P.）：化学纯试剂的纯度一般在99.5%以上，适用于工矿、学校等一般的分析工作。这种试剂的杂质含量相对较高，但仍然能够满足大多数常规实验的需求。

实验纯（L. R.）：实验纯试剂的纯度较差，通常在90%以上，适用于一般的化学实验和合成制备。这种试剂的杂质含量不做选择，只适用于不需要高精度的实验场合。

（2）实验用水

实验用水在实验室中扮演着至关重要的角色，其质量直接影响到实验结果的准确性和可靠性。根据不同的实验需求，实验室用水可以分为多个等级，通常测定电导率来评估水的分级。

常用制备实验用水的方法包括：蒸馏法，即通过加热使水沸腾，利用水与杂质沸点差异来去除杂质，适用于一般实验室。离子交换法，即通过离子交换树脂去除水中大部分离子，但不能完全去除有机物和非电解质，需后续蒸馏以获得高纯水。

在实验室中常用去离子水或者蒸馏水配制溶液，用自来水清洗实验器材（可用去离子水最后冲洗）。这两种水不可混用，洗瓶中只能装去离子水或蒸馏水。

（3）药品存放与取用

通常，固体药品存放在广口瓶中，液体药品存放在细口瓶中，见光易分解的药品应避光保存。药品容器不可混装，都应有清晰的标签，放置在实验室的指定位置。

固体药品用药匙或纸槽送入试管底部，块状药品用镊子夹取，液体药品可用玻璃棒蘸取或滴管吸取。称量固体药品需使用托盘天平。液体药品倾倒时瓶口紧挨试管口，标签朝向手心。使用滴管转移液体时禁止将滴管伸入试管内，以免污染滴管和试剂。

药品取用需遵循安全性、适量性和保纯性原则，避免直接接触、嗅闻和品尝药品。使用后的剩余药品不得放回原瓶或随意丢弃，应妥善处理。

废弃实验药品的处置应向教师询问。任何废液都不能倒入下水道，只能倒入废液收集桶中，统一处理。

1.3.2 常见玻璃仪器及使用

（1）常见玻璃仪器

实验室常用玻璃仪器或装置如图 1-1 所示。

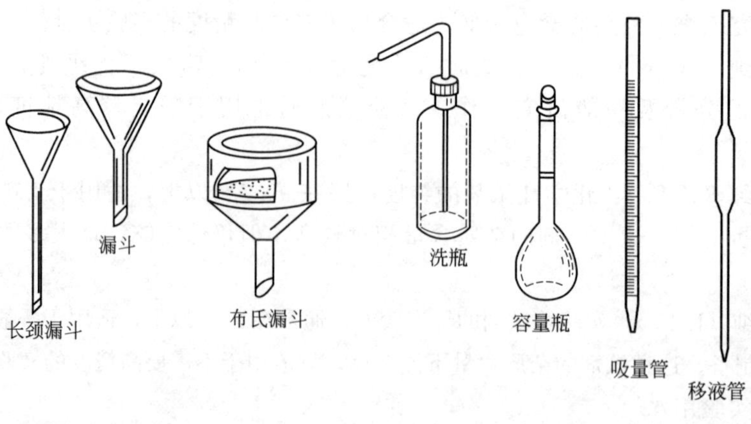

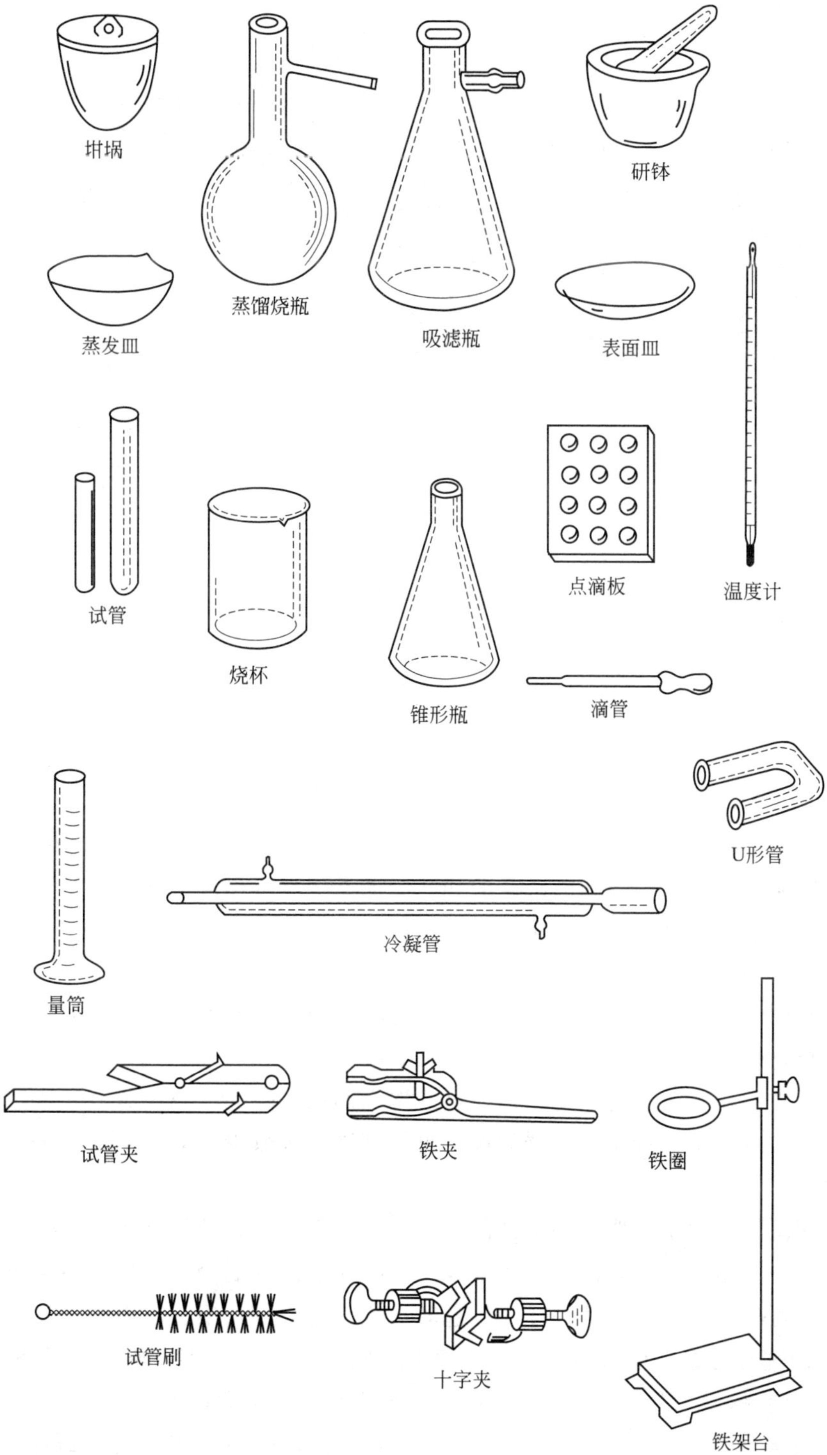
坩埚
蒸馏烧瓶
吸滤瓶
研钵
蒸发皿
表面皿
温度计
试管
烧杯
锥形瓶
点滴板
滴管
U形管
量筒
冷凝管
试管夹
铁夹
铁圈
试管刷
十字夹
铁架台

图 1-1

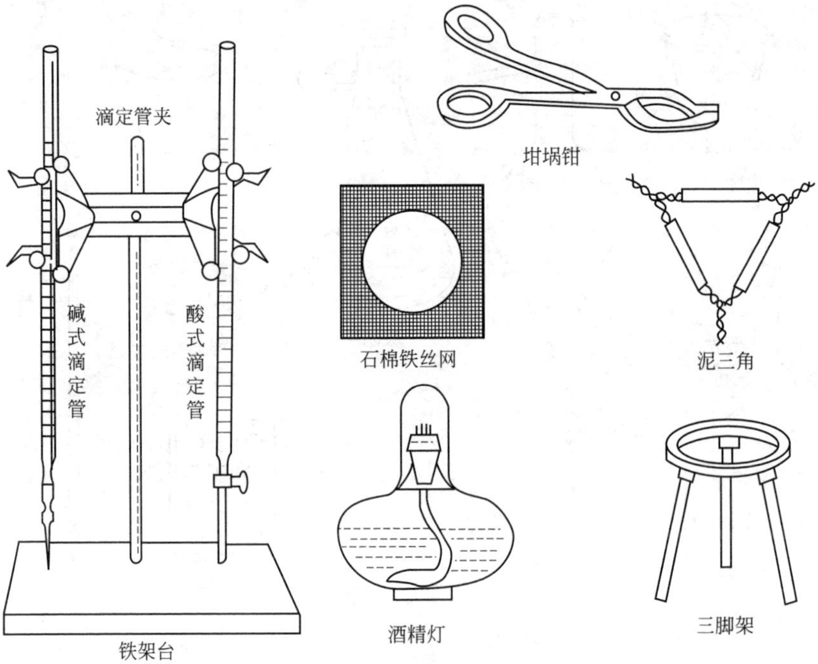

图 1-1 常用玻璃仪器或装置

（2）洗涤与干燥

① 玻璃仪器的洗涤

a. 选择合适的清洗剂：根据玻璃仪器上的污渍类型选择合适的清洗剂。对于一般的污渍，可以使用温和的洗涤剂和软海绵进行清洗；对于难以去除的污渍，如油脂、有机物等，可以使用专用的玻璃仪器清洗剂或铬酸洗液。

b. 清洗步骤

用水刷洗：用自来水和试管刷刷洗，可除去玻璃仪器上的尘土、可溶性或不溶性的无机物等。

使用去污粉、洗衣粉或洗洁精：这些洗涤剂可以除去玻璃仪器上的油污和有机物质。洗涤时先用少量水把仪器润湿，再用试管刷蘸取少量去污粉、洗衣粉或洗洁精刷洗。

使用洗液：对于需要特别清洁的仪器，如称量瓶、移液管、滴定管等，可以使用洗液洗涤。铬酸洗液是浓硫酸和饱和重铬酸钾溶液的混合物，具有很强的氧化性和酸性，可反复使用。当洗液变为绿色时，说明已失效，不能再用。

c. 冲洗与检查：用去离子水或蒸馏水彻底冲洗玻璃仪器，确保清洗剂完全冲洗干净。同时，检查仪器内部和外部是否还有残留污渍或水渍。

d. 注意事项：避免使用普通毛巾或纸巾擦拭，因为可能会留下纤维或纸屑，影响实验结果的准确性。清洗后的玻璃仪器应及时干燥，避免水渍残留导致仪器生锈或污染。

② 玻璃仪器的干燥

自然风干：将洗净的玻璃仪器倒置或放在干燥架上自然风干。

烘干：可使用烘箱烘干，将洗净的玻璃仪器沥去残留水分，开口朝下放在干净的搪瓷盘上，然后放入烘箱，于 105～110 ℃烘约 0.5 h。带有刻度的容器不能加热干燥，否则会影响仪器的准确度；也可采用自然风干或有机溶剂干燥的方法。

吹干：对急于干燥的仪器或不适合烘箱的大型仪器，可以加入少量乙醇或丙酮，转动仪器使器壁上的水与其混合，然后将混合液倒入回收瓶。用电吹风先吹冷风，待稍干后再吹热风，使玻璃仪器干燥完全。

(3) 常见玻璃仪器的使用

① 量筒

量筒用于测量液体体积，通常用于精度要求不高的场合。使用时，应确保量筒平稳放置，待液面平静后，视线与液体弯月面最低处保持水平，以减小误差（图 1-2）。量筒不能用于加热或盛装热溶液，以免炸裂。此外，量筒上一般标有 20 ℃字样，要求所量液体的温度应控制在 20 ℃左右。

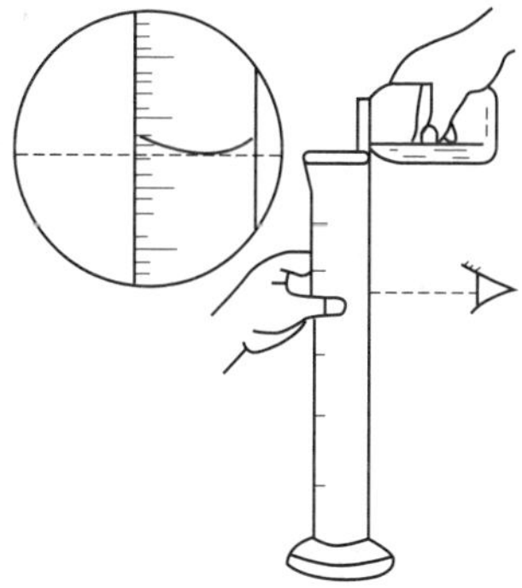

图 1-2　用量筒量取液体

对液体体积要求不严格的定性实验，可用数滴数的方法取少量液体，一般情况下，滴管取水溶液 18～20 滴约为 1 mL。

② 移液管和吸量管

移液管和吸量管用于量取准确体积的液体，它们都是有刻度的玻璃仪器。它们的区别仅在于移液管只有一条刻度线，量取的液体体积固定，常用的有 1 mL、5 mL、10 mL、25 mL、50 mL 等规格。吸量管像量筒一样有分刻度，可量取非整数体积的液体。

移液管和吸量管需配合洗耳球使用。使用前需用自来水清洗（用铬酸洗液浸泡），用蒸馏水冲洗至不挂水珠。润洗时，用少量待移取的溶液荡洗 2～3 次，以除去管内残留的水分。移液管里剩余溶剂或溶液不可倒回贮液瓶，应作废弃物处理。

取液的方法是：右手拇指和中指捏住移液管上端，将管下口插入欲吸取的溶液中，插入深度为 10～20 mm。左手拿洗耳球，先压出空气，再将尖嘴紧紧地接在移液管上口，慢慢松开压扁的洗耳球使溶液吸入管内。当移液管内液面上升到刻度线上（约 1～2 cm）以后，立即用右手食指按住管口，然后用拇指和中指扶住管子略转动移液管并使按住的食指稍微松动，慢慢让液体流下，直至液体弯液面的底部与刻度线相切，再压紧食指，不让液体继续流下。过程中应保持移液管垂直竖立，液面与视线齐平，容器略倾斜，移液管口紧靠容器内壁。

移液管从液体中移出后，将尖端的液滴靠壁去掉，可用滤纸将管的外壁擦干，

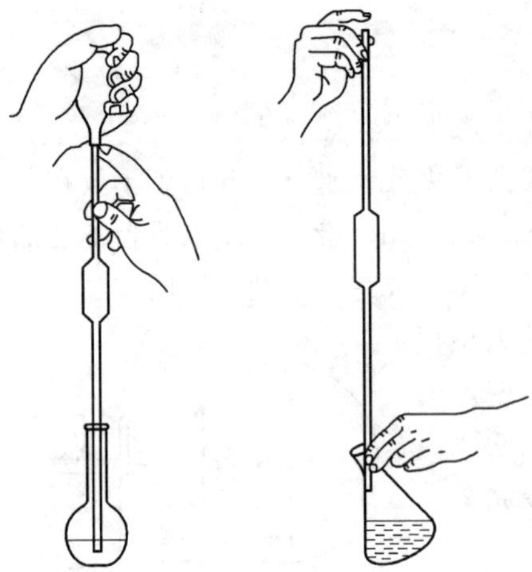

图 1-3 移液管的使用

再移出移液管，插入承接溶液的器皿中放液。放液时移液管直立，管下端紧靠锥形瓶、容量瓶内壁，稍松开食指，让溶液沿瓶壁慢慢流下，全部溶液流完后需转动移液管等 15 s 后再拿出移液管，以便使附着在管壁的部分溶液得以流出（图 1-3）。如果移液管未标明“吹”字，则残留在管尖末端内的溶液不可吹出。因移液管的容量只计算自由流出的液体体积。

③ 容量瓶

容量瓶用于配制体积一定、浓度准确的溶液，也可用于准确地稀释溶液。容量瓶只有一个刻度。使用前需检查瓶塞是否漏水，配套的瓶塞应系在瓶颈上，不得任意更换。容量瓶刻度以上的内壁挂有水珠会影响准确度，所以应彻底洗干净。

在配制溶液时，称量的任何固体物质必须先在小烧杯中溶解或加热溶解，冷却至室温后，用玻璃棒引流转移到容量瓶中。以少量去离子水冲洗烧杯和玻璃棒，将液体转入容量瓶中，如此反复两三次，然后加水稀释，当溶液接近刻度线时，改用滴管小心滴加，使液体弯月面与标线相切。然后塞紧瓶塞，用左手握住瓶颈，食指压住瓶塞，右手托住瓶底将容量瓶倒转并振荡液体后竖立，反复数次，使瓶内溶液混合均匀（图 1-4）。对于放热反应的溶质，需待溶液冷却后再进行转移，以避免温度变化影响容量瓶的准确性。

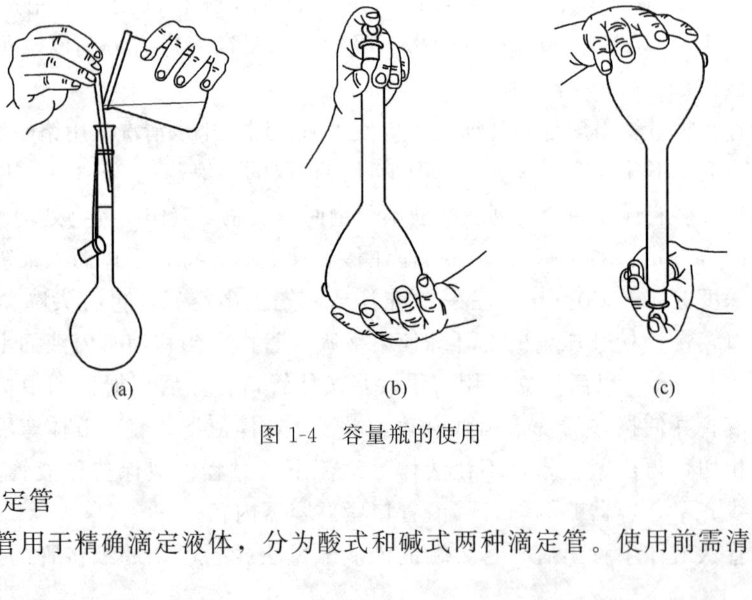

(a) (b) (c)

图 1-4 容量瓶的使用

④ 滴定管

滴定管用于精确滴定液体，分为酸式和碱式两种滴定管。使用前需清洁并用少量滴定溶液洗涤，装入溶液后需排除气泡，读数时视线需与液面在同一水平面。滴定操作时需控制速度，直至指示剂变色。

化学实验中正确使用这些仪器是确保实验结果准确性的关键之一。在使用过程中，需特别注意操作细节，如保持视线水平、紧贴仪器移液等，以确保实验结果的准确性。

⑤ 温度计

实验室用的温度计大多为水银温度计和酒精温度计，常用的有以下规格：100 ℃、150 ℃、250 ℃等，可估读至 0.1 ℃。刻度为 1/10 ℃的温度计比较精密，可测准至 0.01 ℃。

首先要注意温度计的测量范围，从而选择量程适宜的温度计。测量温度时，温度计应放在适中位置，不要使水银球触及容器底部或器壁，并应使水银球完全浸没在被测液体中。

温度计不能作搅拌棒使用，以免将水银球碰破。刚刚量过高温的温度计不能立即用冷水冲洗，以免水银球炸裂。使用温度计时，要轻拿轻放，不要甩动，以免打碎。若不小心打碎，应立即回收散落的水银珠，若不能回收，要立即用硫黄粉覆盖住。

1.3.3　常见仪器的使用

(1) 电子天平

需要确保天平水平放置。初次使用或长时间断电后，电子天平（图 1-5）需要预热至少 30 min。等待天平自检完成并显示零位，可以开始称量。一般配合使用称量纸。轻拿轻放，将待测物品放在天平的中心位置，避免对天平造成冲击。如果需要去皮称量，可以先放置空容器并按下“去皮”键，待显示为零后再进行称量。待天平显示稳定后，直接读取显示屏上的质量数值。

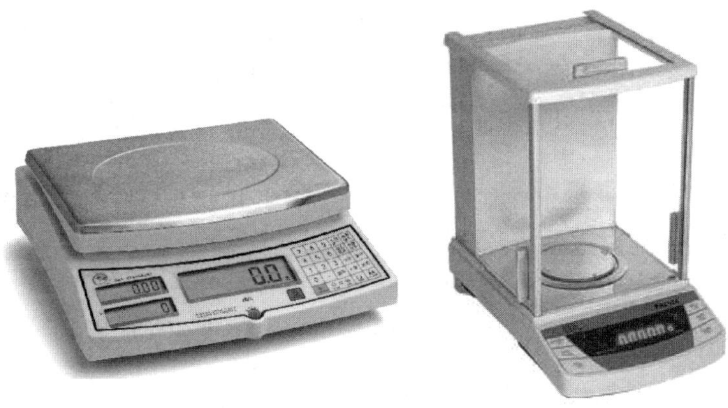

(a)　　(b)

天平的使用

图 1-5　电子天平

如果使用的是如图 1-5（b）所示的电子天平，称量时需要关闭左右和上方的所有门。

每次使用后，应及时清理天平内外部区域，并保持天平室的整洁干燥。定期检查和维护天平，以延长使用寿命。在称量易挥发或腐蚀性物品时，应使用专业容器，避免各类药品直接接触天平盘面。称量完毕后，及时关闭电源并清理秤盘。

（2）酸度计（pH 计）

酸度计（又称 pH 计，见图 1-6）是一种通过测量电位差测定溶液 pH 的仪器，以 pH 玻璃电极为测量电极。除了可以测量溶液的 pH 外，还可测量氧化还原电对的电极电势（mV）等。

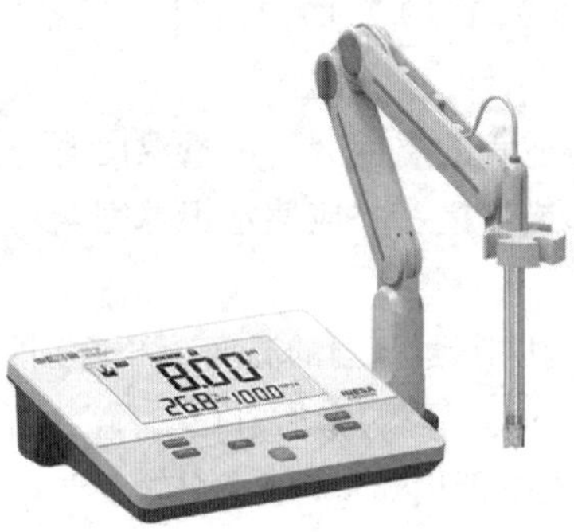

图 1-6　pH 计

酸度计的使用主要包括以下几个步骤：

准备工作：确保酸度计已经校准，检查电极是否干净，必要时用蒸馏水清洗电极。准备好待测溶液。

① 开机：打开酸度计的电源开关，等待仪器自检并稳定。

② 选择按钮 pH/mV，进入 pH 测量状态。

③ 按“温度”键设定溶液温度。

④ 校准：使用标准缓冲溶液进行校准。通常需要至少两种不同 pH 值的标准缓冲溶液，如 pH 4.00 和 pH 6.86。将电极浸入第一种标准缓冲溶液中，待读数稳定后，调整仪器显示的 pH 值与缓冲液的实际值一致，进行相应的校准。清洗电极后，将其浸入第二种标准缓冲溶液中，重复校准步骤。

⑤ 测量：将电极浸入待测溶液中，确保电极的敏感部分完全浸没。轻轻搅拌溶液或等待读数稳定，记录 pH 值。

⑥ 清洗和维护：测量完成后，取出电极并用蒸馏水清洗、擦干、套上套盖，套盖中填充电极保护液。避免电极直接暴露在空气中，防止脱水。

⑦ 关闭仪器：完成测量后，关闭酸度计的电源。

注意事项：

① 换测不同液体时，需用蒸馏水仔细冲洗电极头部，并用吸水纸仔细将电极头部吸干后，才能插入另一种液体中。

② 避免电极与硬物碰撞或摩擦，以免损坏电极。

pH 读数对温度敏感，应在适当温度下进行测量，并考虑温度变化的影响。

（3）分光光度计

分光光度计是一种用于测量物质在特定波长或波长范围内的吸光度或发光强度的科学仪器。根据样品性质和实验目的，分光光度计可以分为紫外、可见、红外、荧光和原子吸收分光光度计等类型。

其使用步骤如下。

① 预热仪器：在使用分光光度计之前，需要将其通电并预热一段时间，通常为 10～30 min，以确保仪器达到稳定状态。

② 选择波长：根据实验需求选择所需的波长。调零和调满度：将空白溶液放入样品室，按下“调零/调满度”键，使仪器显示值为 0 或 100%透射比。这一步骤是为了校准仪器，确保测量结果的准确性。

③ 放置样品：将待测溶液倒入比色皿中，并将其放入样品室。注意不要让溶液接触到比色皿的透光面，以免污染和损坏。不要让液体进入机器内部而腐蚀机器。

④ 读取数据：盖上样品室盖子，读取仪器显示的吸光度值。记录最先显示的数值，避免样品在光照下长时间暴露，导致读数不稳定。

⑤ 重复测量：如果需要，可以更换不同的样品溶液，重复上述步骤进行测量。

注意事项：

比色皿的使用：使用比色皿时，手指只能捏住毛玻璃面，不要碰透光面，以防止污染和损坏。

环境条件：使用时室内照明不宜太强，避免仪器灯泡灯丝发亮不稳定。同时，应将仪器放置在坚固平稳的工作台上，避免直接向仪器吹风。保持仪器内部干燥，避免受潮。清洁比色皿时，使用弱洗涤剂溶液擦拭表面，并及时盖上盖子，以保持内部黑暗环境。

(4) 离心机

离心机是一种利用高速旋转产生的离心力来分离液体混合物中不同密度组分的设备。

使用步骤如下。

① 准备工作

确保离心机放置在坚固、平稳、平整的水平台面上，避免晃动。检查电源连接是否稳定，并确保离心机外壳接地良好，以保证使用安全。清洁离心机和离心管，选择合适的离心管并标注重要信息。将需要分离的物质加入离心管中，并确保样品充分混合，均匀悬浮。放置时确保离心管平衡。

② 参数

根据实验需求设定离心机的转速和离心时间，以达到预期分离效果。

③ 启动离心机

关闭离心机盖子后开始运行，确保盖子锁紧。在离心过程中，多次观察样品离心轨迹和转子运转状态，避免设备因为操作错误而导致实验失败或者设备损伤。

④ 结束操作

离心结束后，待速度降至 0 后，按打开键离心机即打开，取出样本。观察离心情况，有必要时可以再次离心。最后关闭总电源，并清理离心机。

注意事项：

离心机使用时应用适当的转子托盘和负载平衡工具，以确保转子平衡稳定，避免因为不必要的震颤导致设备损伤。避免在运转中打开盖门。使用完毕需清理离心机。

如果出现异常声音或振动，应立即停止离心机并疏散现场。在发生溢出时，应立即清理离心机，并使用适当的个人防护装备处理任何危险物质。

离心结束后，可以倾析出液体，或者用吸管吸出液体，进行固液分离。

1.4 基本实验操作

1.4.1 溶液的配制与取用

(1) 溶液的配制

配制溶液的过程通常包括以下几个步骤。

① 计算：首先需要确定所需配制的溶液浓度和体积。根据所需的浓度和体积，计算出所需溶质的质量或液体浓溶液的体积。

② 称量或量取：使用适当的工具进行称量或量取。对于固体溶质，通常使用分析天平进行精确称量；对于液体溶质，则使用量筒或移液管进行量取。(见前面天平的使用和移液管的使用)

③ 溶解：将称量好的固体溶质加入烧杯中，然后加入适量的溶剂（通常是蒸馏水），搅拌使其完全溶解。对于液体溶质，直接加入溶剂中即可。溶解后，溶液应冷却至室温。(参考前面容量瓶的使用)

④ 转移：将溶解后的溶液小心地转移到容量瓶中，通常使用玻璃棒引流，以防止溶液飞溅或挂壁。

⑤ 洗涤：用少量蒸馏水洗涤烧杯和玻璃棒 2～3 次，并将洗涤液全部转移到容量瓶中，以确保溶质完全转移。

⑥ 定容：向容量瓶中加蒸馏水至刻度线以下 1～2 cm 处，改用胶头滴管滴加蒸馏水至溶液凹液面与刻度线相切。

⑦ 摇匀：将容量瓶盖好塞子，倒转和摇动多次，使溶液混合均匀。

⑧ 装瓶贴标签：将配制好的溶液倒入试剂瓶中，并贴上标签，注明溶液的名称和浓度。

注意事项：

配制标准溶液或者浓度准确的溶液时需考虑药品纯度、水的纯度。药品性质需稳定，例如见光不分解、不和空气中的氧反应。溶液的温度会影响其体积，因此在定容时应注意溶液温度。

(2) 液体的取用

液体药品的取用方法主要包括滴管吸取法、倾倒法和定量取用。

① 滴管吸取法

适用于少量液体的取用。使用胶头滴管吸取试剂时，应保持滴管垂直，避免倾斜或倒立，以免试剂流入橡胶头内污染试剂。滴加试剂时，应在容器口上方将试剂滴入，滴管尖端不可接触容器内壁。取用后的滴管不能平放或倒置，以免沾污滴管，造成试剂污染。滴管使用后应立即放回原滴瓶中，不可错放（图 1-7）。

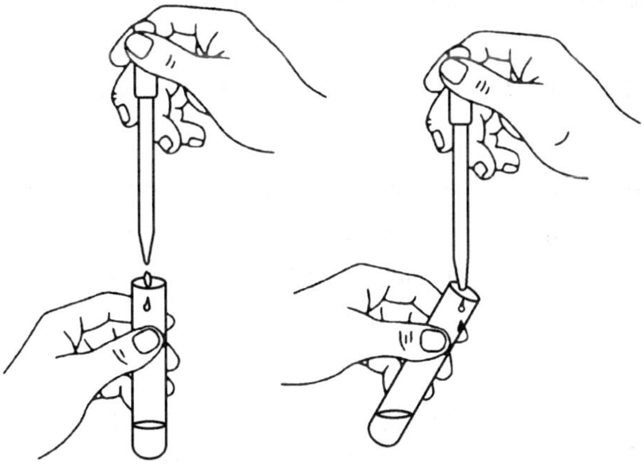

图 1-7　往试管中滴加液体

② 倾倒法

适用于较多量液体的取用。取用细口瓶里的液体药品时，先拿下瓶塞，倒放在桌上，然后拿起瓶子（标签应对着手心），瓶口紧挨着试管口，使液体缓缓地倒入试管中。倾倒液体时，应使标签向着手心，以防瓶口残留的药液流下来腐蚀标签（图 1-8）。

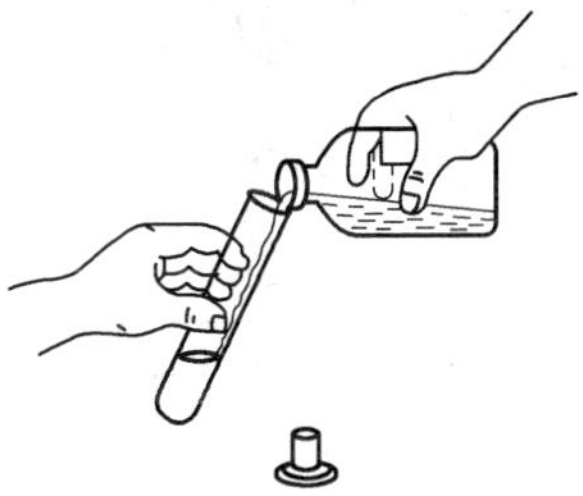

图 1-8　倾倒法

倒完液体后，立即盖紧瓶塞，以防止药品潮解、变质，并把瓶子放回原处，标签朝向外面。

③ 定量取用

使用量筒或者移液管进行。

注意事项：

在取用液体药品时，应遵循“三不”原则：不直接接触药品、不直接用鼻嗅闻药品、不品尝任何药品。避免药品污染和浪费，实验剩余的药品既不能放回原瓶，也不要随意丢弃，更不要拿出实验室，应放在指定的容器内。

1.4.2　加热与制冷

在化学实验中，加热和冷却是两个基本且重要的操作步骤，它们直接影响实验的效率、产物的纯度以及实验的安全性。

(1) 加热方法

① 燃料加热

酒精灯和煤气灯，直接燃烧石化产品加热。因考虑安全性，尽量避免使用。

② 电加热

如电热板、电热套、水浴锅、磁力搅拌加热器等，特点是安全方便、温度可控、加热均匀、温度可保持稳定，是实验室常用的加热装置。

③ 微波加热

近年来发展起来的加热方式，适用于实验室中的快速加热。

④ 间接加热

如水浴、油浴、沙浴，适用于需要均匀受热和保持特定温度范围的实验。水浴适用于 100 ℃以下，油浴适用于 100～250 ℃，沙浴适用于 100 ℃以上。

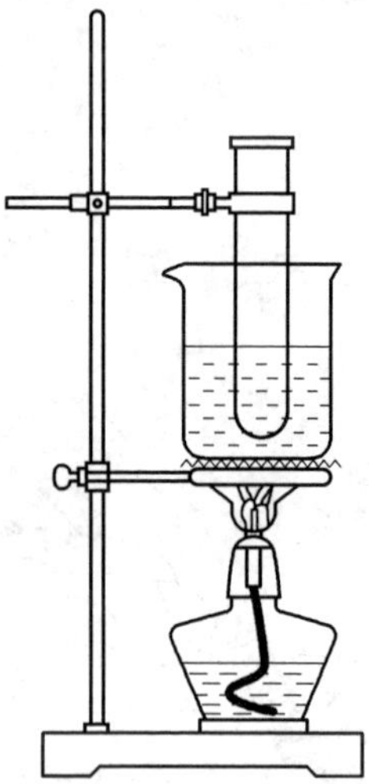

图 1-9 一种水浴方式

各种加热手段常搭配石棉网使用，可以起到均匀加热、隔热和保护、防火和绝缘作用。如需移动被加热器皿须用坩埚钳夹取。进行加热操作时，受热仪器一般不能骤热，受热后也不能立即与潮湿或过冷的物体接触，以免由于骤冷而破裂。加热液体时，液体体积一般不超过容器容积的一半，加热前须将容器外壁擦干。离心试管由于管底玻璃较薄，不宜直接加热，应在水浴中加热（图 1-9）。

(2) 冷却方法

① 自然冷却

适用于室温环境，是最简单的冷却方法。

② 自来水冷却

使用流动的自来水进行冷却，适用于一般的冷却需求。

③ 冰水冷却

直接将容器置于冰水中，适用于需要较低温度的实验。

④ 冰箱冷却和冷冻剂冷却

使用冰箱冷藏或冷冻室进行冷却，或使用冰盐溶液、六水合氯化钙、干冰或液氮等实现更低的冷却温度。

注意事项：

防止烫伤或者冻伤。确认系统能适应实验所需负载大小。

1.4.3 蒸发与结晶

(1) 蒸发操作

蒸发是通过加热溶液，使溶剂（通常是水）从液态转变为气态，从而浓缩溶液的过程。常用的蒸发容器是蒸发皿，在蒸发皿内所盛放的液体不应超过其容量的 2/3。蒸发操作的关键步骤如下。

加热：将溶液加热至沸腾，使溶剂蒸发。加热方式可以是直接加热或间接加热（如使用蒸汽）。

控制蒸发速率：通过调节温度、压力或真空度来控制蒸发速率。

溶质特性：蒸发过程中，溶质不会发生分解、水解或氧化，因此适用于热稳定性和化学稳定性较高的物质。

（2）结晶操作

结晶是通过冷却或调节溶液的饱和度，使溶质从溶液中析出形成固体晶体的过程。结晶操作的关键步骤如下。

饱和溶液的制备：通常先制备较高温度下的饱和溶液，然后通过降温或其他方法促进晶体的形成。

控制冷却速度：冷却速度过快可能导致晶体粒径较小，而过慢则可能引起晶体生长不均匀。因此，可根据具体要求调整冷却速度。

固液分离：常常后续需通过过滤、离心等方式将晶体与母液分离，并对晶体进行干燥处理。

物质在溶液中的饱和程度与物质的溶解度和温度有关。当物质的溶解度随温度变化不大时，要求蒸发至溶液呈稀糊状后冷却结晶；当物质的溶解度随温度变化较大时，则只需蒸发到液面出现晶膜即可冷却结晶。如果希望得到较大颗粒状的晶体，则不宜蒸发至太浓，此时溶液饱和程度低，晶核少，晶体易长大；反之，溶液太浓，则饱和程度高，晶核多，晶体形成速度快，晶粒细小。另外，缓慢冷却或静置，有利于生成大晶体；迅速冷却，有利于生成细小的晶体。大晶体间隙易包裹母液或杂质，纯度不高；但晶体太小时，易形成糊状物，夹带母液多，不易洗净，也影响纯度。因此应控制好溶液浓度及结晶过程，得到大小适中、均匀的晶体颗粒，这样制得的晶体纯度较高。

1.4.4　固体与液体的分离

固液分离是一种将固体颗粒从液体中分离出来的过程。以下是几种常见的固液分离方法及其操作要点。

（1）过滤法

过滤法是固液分离中最常用的方法之一，利用过滤介质（如滤纸、滤网等）将固体颗粒截留，将不溶性固体从液体中分离出来，而液体通过过滤介质进入接收容器。这种方法适用于颗粒较大且分布均匀的物料分离。

折叠滤纸，紧贴在普通玻璃漏斗上，用水润湿使滤纸与漏斗内壁贴紧。玻璃棒紧贴滤纸引流，漏斗尖嘴靠在收集滤液的容器内壁上。

常压过滤

（2）减压过滤（抽滤）法

减压过滤是一种利用真空泵或抽气泵产生负压，从而加速固液分离的实验技术。其主要优点包括加快过滤速度、提高分离效率、使固体更易干燥以及减少母液残留等。然而，减压过滤也存在一些缺点，例如不适用于胶体沉淀和颗粒过小的沉淀，因为这些物质容易穿透滤纸或堵塞滤纸孔。

减压过滤装置通常由布氏漏斗、吸滤瓶、安全瓶和真空泵组成。在操作过程中，需要将滤纸剪裁适当大小并润湿，以确保其紧密贴合漏斗底部。然后通过真空泵形成负压，使液体通过滤纸而固体被截留。抽滤时要避免滤液距离抽滤口太近而被负压吸走。在停止过滤时，应先拔掉橡胶管再关闭真空泵，以防止倒吸。

需要注意的是，强酸性、强碱性或强氧化性的溶液可能会腐蚀滤纸，因此在处理这些溶液时需使用特殊滤纸或漏斗。此外，热溶液在减压条件下可能会迅速沸腾，导致溶质析出，影响过滤效果。

(3) 沉降/倾析法

沉降法是通过重力作用使固体颗粒在液体中逐渐沉降，从而实现固液分离。适用于沉淀物的相对密度较大或结晶颗粒较大的情况。

倾析法指的是待沉淀完全沉降后（或者经过离心等方式固液分离后），小心地将上层清液慢慢倒入另一个容器中，同时可用玻璃棒引流以避免固体颗粒被带入接收容器中。

(4) 离心分离法

离心分离法通过高速旋转产生离心力，使固体颗粒加速沉降到容器底部，将固体颗粒从液体中分离。这种方法适用于难以沉淀或过滤的混合物，所需时间较短。

将需分离的沉淀和溶液装在离心试管中（液体量不宜超过离心管总体积的三分之二），然后放在离心机（图 1-10）内高速旋转，沉淀受离心力作用而沉入试管底部，上层为清液。离心沉淀后，用滴管轻轻吸出上层清液，使之与沉淀分离。吸液时，一定先捏紧滴管头，排除其中空气，然后伸入试管中，尖端不要接触沉淀，慢慢放松吸出溶液（图 1-11）。或者采用倾析法倒出液体。

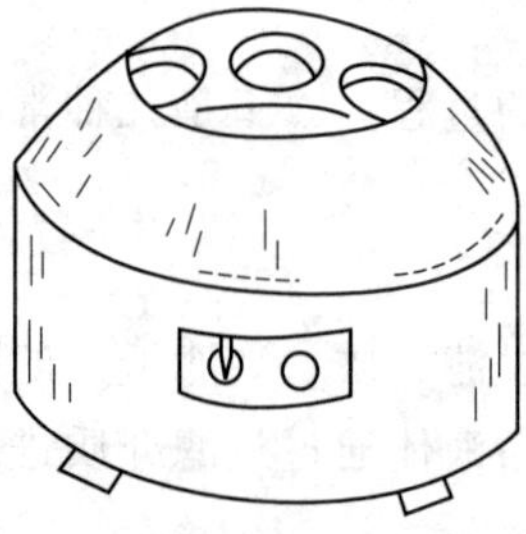

图 1-10 离心机

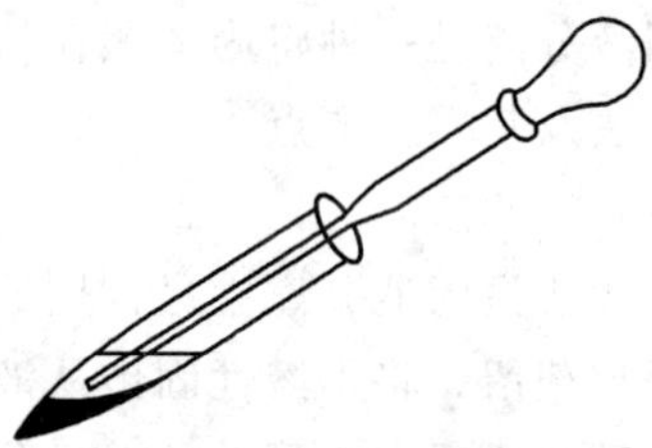

图 1-11 用吸管吸取清液

注意事项：

离心试管应放在离心机内对称位置上，分布均匀，使离心机高速旋转时保持平衡。若只有一个试样要分离，也必须在其相对位置上放置一支盛有等量水的离心试管。停机后，应让离心机自然停止，切勿强制其停止转动，以免损坏离心机。

（5）膜分离法

膜分离法是一种纯物理的分离技术，通过半透膜将固体颗粒与液体分离。该方法具有操作简单、能耗低等优点。

（6）絮凝法

絮凝法通过向混合物中加入絮凝剂（如聚丙烯酰胺），使固体颗粒聚集成较大的絮团，从而便于分离。

1.5 数据测定的准确性和有效数值

1.5.1 误差

实验误差是实验测量值（包括直接测量值和间接测量值）与真值（客观存在的准确值）之差。根据误差产生的原因及性质，误差可分为系统误差、偶然误差和粗大误差三种。

（1）系统误差

系统误差也称可测误差、恒定误差，是由某些固定的因素造成的，它对测量结果的影响有规律，可重复。产生系统误差的原因是实验方法、实验条件、测量仪器，以及实验者本人不可避免地存在一定局限性。

常见的系统误差包括如下几种。

① 方法误差

方法误差是由于测试方法本身不完善造成的。例如，实验设计不周全，没有考虑到化学反应不完全，有副反应发生，没有考虑到干扰离子的影响、称量形式的吸湿性等，都会系统地导致测量结果偏高或偏低。

② 仪器误差

由于仪器本身不准确或未经校准引起的误差。例如，移液管、滴定管、容量瓶等玻璃仪器的实际容积和标称容积不符；天平失于校准（如灵敏度欠佳）等。

③ 试剂误差

试剂纯度不够或者有其他杂质混入。

④ 操作误差

操作误差是一种由操作者本身操作不熟练或一些主观因素造成的误差。例如，在读取仪器刻度值时，习惯性偏高或偏低；在鉴定分析中辨别滴定终点颜色时习惯性偏深或偏浅；操作计时有的偏快，有的偏慢。有时候操作误差也被表述为主观误差。

系统误差的特征是：单向性，即误差的符号及大小恒定或按一定规律变化；系统性，即在相同条件下重复测量时，误差会重复出现，因此一般系统误差可进行校正或设法予以消除。对于不可避免的实验误差，实验者应了解其产生的原因、性质及有关规律，从而在实验中设法控制和减小误差，并对测量的结果进行适当的处理，以获得可接受的数据，产生结论。

系统误差可采取下列措施减小：

① 对照实验

用公认的标准方法与采用的测定方法对同一试样进行测定，或用已知含量的标准试样和待测样，同时用同一方法进行分析测定，求出校正因子，减少方法误差。对照实验是检查系统误差的最有效方法。

② 空白实验

在不加待测组分的情况下，按照与待测试样相同的测定步骤和条件进行测定，所得结果称为“空白值”。从试样的测定结果中扣除空白值，就可消除由环境、试剂差异、所用器皿引入杂质所造成的系统误差。

③ 校准仪器

实验前对所使用的容量器皿或其他仪器进行校正，求出校正值，提高测量准确度。

（2）偶然误差

偶然误差又称随机误差，或者不定误差。在相同条件下对同一物理量进行多次测量，会出现时而偏大，时而偏小的误差。这是由于一些随机的偶然因素造成的，往往是测定过程中各种因素的不可控制的随机变动所引起的误差，产生的直接原因往往难以发现和控制。观测时环境温度、压力、湿度的小波动，机械振动，磁场的干扰，以及个人辨别的差异，如视线的位置不正确，测量点的位置不准确等都可能引起偶然误差。在各种测量中，随机误差总是不可避免地存在，并且不可能用一致的手段加以消除。

以横坐标表示偶然误差的值，纵坐标表示误差出现的概率大小，则偶然误差呈现正态分布，如图 1-12 所示。

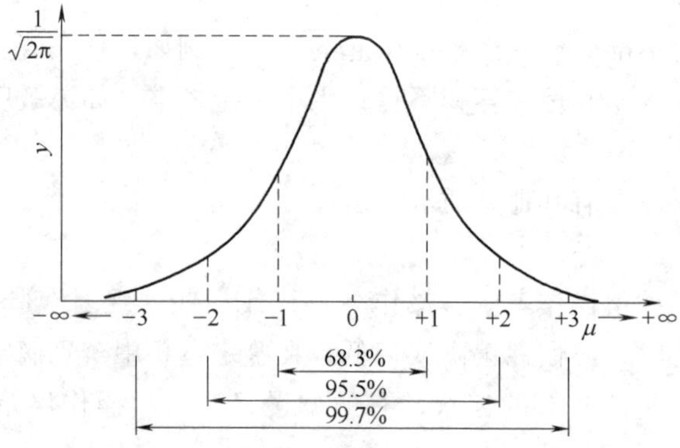

图 1-12 偶然误差的正态分布曲线

偶然误差的规律如下：

① 绝对值相等的正误差、负误差出现的概率几乎相等。真值是单峰的。

② 小误差出现概率大，大误差出现概率小。

③ 误差不会超出一定范围，很大误差出现的概率近于零，出现真值的概率最大。

④ 适当增加测定次数，在消除系统误差的情况下，平行测定的次数越多，测得值的平均值越接近真值。偶然误差难以消除，但具有可补偿性。

（3）粗大误差

除了上述两类误差之外，还有粗大误差，又称过失误差、疏忽误差。它是由于操作者的疏忽大意、操作不当、没有完全按照操作规程进行实验等原因造成的误差，如丢损试液、加错试剂、看错读数、记录出错、计算错误等，这种误差使测量结果与事实出现明显差异，有大的偏离且无规律可循。有人认为粗大误差的“过失”其本质是一种错误，甚至不能算作误差，含有粗大误差的测量值不能作为实验值引入平均值的计算中。

通过加强操作者责任心，加强培训可以避免粗大误差，但判断是否发生粗大误差必须慎重，应有充分的依据，可以通过重复实验来检查。如果经过细致实验后仍然出现相似数据，需要仔细分析与反思，根据已有的科学知识判断问题所在，判断是否有新的问题发生，甚至可能因此使实验有新的契机，这在实践中是可能发生的。

1.5.2　误差的表示方法

（1）准确度

准确度（accuracy）表示某一测定结果与“真实值”相接近的程度，差值越小则结果的准确度越高。

（2）绝对误差和相对误差

在化学实验中绝对准确的实验结果是无法得到的。研究中所谓“真实值”是指由有经验的研究人员用可靠的测定方法进行多次平行测定得到的平均值，用此作为“真实值”，或者以公认的手册上的数据作为真实值。

误差分为绝对误差与相对误差。

绝对误差 E 表示为：

$$E = \text{测定值} - \text{真实值} \tag{1-1}$$

绝对误差有正负之分。当测定值大于真实值，E 为正值，说明测定结果偏高；反之，E 为负值，说明测定结果偏低。它具有与测定值相同的量纲，如 g、mL 等。例如，对于质量为 0.1000 g 的某一物体，在分析天平上称得其质量为 0.1001 g，则称量的绝对误差 +0.0001 g。

只用绝对误差不能说明测量结果与真实值接近的程度。分析误差时，除要考虑绝对误差的大小外，还必须顾及量值本身的大小，这就是相对误差。相对误差 E_r 表示为：

$$E_r = \frac{测定值-真实值}{真实值} \times 100\% \tag{1-2}$$

相对误差是绝对误差与真实值的商，表示误差在真实值中所占的比例，常用百分数表示。由于相对误差是比值，因此是量纲为 1 的量。它也有正负之分，能反映误差在测定结果中所占的百分率，更能反映测定结果的准确程度。

以称重为例，被称量物体质量不同时，相同的绝对误差会产生不同的相对误差，即误差在被测物体质量中所占份额并不相同。显然，当绝对误差相同时，被测量的量越大，相对误差越小，测量的准确度越高。所以更多采用相对误差表示距离真实值的差距。

（3）精确度

精确度（precision）是指在同一条件下，对同一样品多次平行测定，获得的测量值之间相互接近的程度。重复性和再现性都可以用于表示不同情况下分析结果的精确度。常用重复性表示同一实验人员在同一条件下所得测量结果的精确度，用再现性表示不同实验人员之间或不同实验室在各自的条件下所得测量结果的精确度。

（4）准确度和精确度的关系

准确度和精确度是两个完全不同的概念，它们既有区别，又有联系。准确度表示测量的正确性，而精确度则表示测量的重现性。图 1-13 表示四位测试者各四次测量结果的准确度与精确度的关系。黑点表示四位测试者所得结果数值，短竖线表示测试者结果均值。从图中可见，甲的结果准确度和精确度都好，结果可靠，是一组好的测试数据。乙的分析结果精确度好，但准确度低，只能说明随机误差较小，但存在较大的系统误差。丙的准确度和精确度都低，存在较大的随机误差和系统误差。丁的精确度不好，其平均值接近真实值纯属偶然，没有精确度的准确度结果谈不上可靠，测试结果数据也不好。

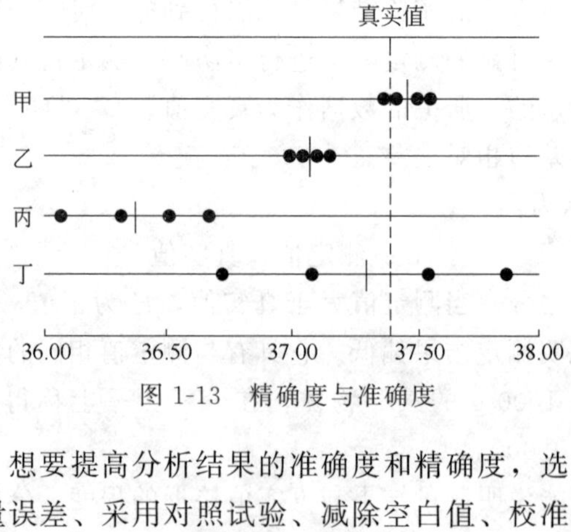

图 1-13 精确度与准确度

综合前文所述，想要提高分析结果的准确度和精确度，选择合适的方法、增加测量次数、减少测量误差、采用对照试验、减除空白值、校准仪器等一系列手段均可酌情采用。

1.5.3 有效数字

（1）有效数字的位数

正确地选用实验方法和实验仪器测定各种量的数值之外，科学实验要得到准确的结果，还要求正确地对数据进行记录和运算。实验所获得的数值不仅表示某个量的大小，还应反映测量这个量的准确程度。一般来说，任何一种仪器标尺读数的最低一位应该用内插法估计到两刻度线之间距离的 1/10。例如最小刻度为 1 mm 的尺子，可以记录到的数据可为 12.5 mm，即小数点后一位。因此，实验中各种数值的记录应采用几位数字，运算结果应保留几位数字都是有严格要求的，不能随意书写记录和增减有效数字。实验数值表示的正确与否直接关系到实验的最终结果，以及用于判断实验结果的可信与否。

有效数字就是实验中实际能够测出的数字。规定一个由有效数字构成的数值只能是最后一位数值是可疑的，其余数字需要确定。例如，用最小刻度为 1 mL 的量筒测量溶液的体积为 10.5 mL，其中 10 是准确的，0.5 是估计的，有效数字是 3 位。如果用精度为 0.1 mL 的滴定管量度同一液体，读数可能是 10.52 mL，其有效数字为 4 位，小数点后第二位 0.02 才是估计值。所以有效数字的位数取决于并可反映测量仪器的精确程度。所以，1.00 和 1.000 这两个数据有着不同含义，不可混写混用。

有效数字的位数还反映了测量的误差。例如，某铜片在分析天平上称量得 0.5000 g，表示该铜片的实际质量为（0.5000 ± 0.0001）g，测量的相对误差为 0.02%，若记为 0.500 g，则表示该铜片的实际质量为（0.500 ± 0.001）g，测量的相对误差为 0.2%，准确度比前者低了一个数量级。

有效数字的位数是整数部分和小数部分位数的组合，可以通过下面几个数字来说明。

	23.00	23.0	23	0.230	0.023	0.00203	23000
有效数字位数：	4 位	3 位	2 位	3 位	2 位	3 位	不确定

从上面几个数据中可以看到，“0”在数字中可以是有效数字，也可以不是。当“0”在数字中间或有小数的数字之后时都是有效的数字；如果“0”在数字的前面，则只起定位作用，不是有效数字。但像 6000 这样的数字，有效数字位数不好确定，应根据实际测定的精确程度来表示，可写成 6×10^3、6.0×10^3、6.00×10^3 等。

对于 pH、lg*K* 等对数值的有效数字仅取决于小数部分数字的位数，因为整数部分只代表这个数的方次，不是有效数字。例如，pH＝3.48，有效数字是 2 位而不是 3 位。分数、π 等数字，视为有无穷多的有效数字。不能因为变换单位而改变有效数字的位数。

（2）有效数字的运算规则

在计算一些有效数字位数不相同的数时，按有效数字运算规则计算，可节省时间，减少错误，保证数据的准确度。

① 加减运算

加减运算结果的有效数字的位数应以运算数字中小数点后有效数字位数最小者决定。计算时可先不考虑有效数字的问题直接进行加减运算，再把运算结果按数字中、小数点后、有效数字位数最小的位作四舍五入处理。例如，0.7643、25.42、2.356 三个数相加，小数点后只需要保留 2 位，其余数字皆不可信，则有

$$0.7643+25.42+2.356=28.5403\approx 28.54$$

根据 GB/T 8170—2008《数值修约规则与极限数值的表示和判定》，数值的修约按“四舍六入五成双”的原则进行。以小数点后面有效数字位数最少的数为标准处理各数据，使小数点后有效数字位数相同，然后再计算，如上例可变化为

$$0.76+25.42+2.36=28.54$$

因为在 25.42 中精确度只到小数点后第二位，即为 25.42±0.01，其余的数再精确到第三位，第四位就无意义了。

可见，对于加减运算，先修约还是先加减，对数值的结果几乎没有影响。

② 乘除运算

几个数相乘或相除时所得结果的有效数值位数应与各数中有效数字位数最少者相同，与小数点的位置或小数点后的位数无关。例如，0.98 与 1.644 相乘，有效数字的最低值就是 0.98 的两位数字，故得数也保留两位有效数字，应为 1.6。计算时一般可以先“四舍六入五成双”修约后再计算，但在几个数连乘或除的运算中，在取舍时应保留比最小位数多一位数字的数来运算。例如，0.98、1.644、46.4 三个数字连乘，有

$$0.98\times 1.64\times 46.4=74.57\approx 75$$

如果先计算后修约，计算为 $0.98\times 1.644\times 46.4=74.76\approx 75$，与上面结果一致。如果先修约再计算，只保留最小位数的数相乘，则有

$$0.98\times 1.6\times 46=72.13\approx 72$$

这样计算结果与前面的计算不吻合，误差扩大了。当然，如果在连乘、连除的数中被修约的数离“5”较远，或有的数入，有的数舍，也可取最小位数的有效数字简化后再运算。例如

$$0.121\times 23.64\times 1.0578=3.0257734\approx 3.03$$

若简化后再运算，则有

$$0.121\times 23.6\times 1.06=2.86\times 1.06=3.0316\approx 3.03$$

与前面的计算结果是相同的。

第2部分　实 验 内 容

实验一　化学反应摩尔焓变的测定

【实验目的】

1. 了解测定化学反应焓变的原理和方法。
2. 掌握分析天平、容量瓶和移液管等基本操作。

【实验原理】

化学反应中常伴随着能量的变化。若是在等压不做非体积功的条件下，化学反应的热效应等于反应系统的焓变。于是，测定化学反应的焓变，实际上是测定化学反应在等压下的热效应。摩尔反应焓变是在等压条件下反应进度为 1 mol 时反应的热效应。

本实验测定锌粉和硫酸铜溶液反应的摩尔焓变：

$$Zn(s)+CuSO_4(aq)═══ZnSO_4(aq)+Cu(s)$$

测定反应热的方法很多。本实验采用普通保温杯和精密温度计组成的简易量热计来测定上述反应的焓变（见图 1-1）。

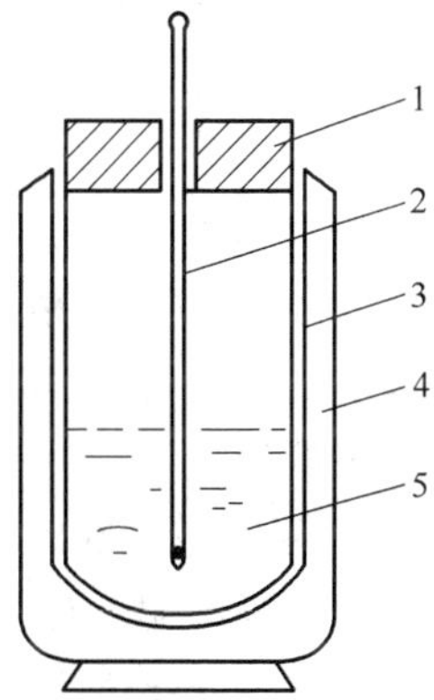

图 1-1　反应热测定装置示意图

1—保温杯盖；2—温度计；3—真空隔热层；4—保温杯外壳；5—$CuSO_4$ 溶液

在实验中，忽略量热计的热容，反应溶液作为吸热介质，由溶液的比热容和反应前后溶液温度的变化可以求出上述反应的摩尔焓变：

$$\Delta_r H_m = -\Delta T \cdot C \cdot V \cdot \rho \cdot \frac{1}{cV/1000} \times \frac{1}{1000}$$

$$= -\Delta T \cdot C \cdot \rho \cdot \frac{1}{c}\ (\text{kJ} \cdot \text{mol}^{-1}) \qquad (1\text{-}1)$$

式中，$\Delta_r H_m$ 为化学反应的摩尔焓变，$kJ \cdot mol^{-1}$；ΔT 为反应前后溶液温度的变化，K；C 为反应溶液的比热容；V 为反应溶液的体积，mL；ρ 为溶液的密度；c 为 $CuSO_4$ 溶液物质的量浓度，$mol \cdot L^{-1}$。

因此，只要已知 $CuSO_4$ 溶液的浓度及体积，测定其与足量 Zn 粉反应的前后温差，就可以求出反应的热效应。

由于本实验所用简易量热器并非严格的绝热系统，因此反应放出的热量不可避免会少量传给环境，实验测定的最高温度（T^*）不能客观反映由反应热引起的最高温度（T_2），所以要通过外推作图法进行校正。其方法是：以测定的温度（单位为℃或K）为纵坐标，时间（单位为s或min）为横坐标作图（图1-2），t_0 为加入锌粉的时间点，锌粉的加入会引起温度的迅速上升，当温度达到最高（T^*）以后，会随着时间逐渐下降。本实验的降温过程可以近似当作直线处理，按虚线外推到反应物混合时间（t_0），得到校正后的最高温度 T_2，与混合前的温度 T_1 相减，得到反应前后溶液温度的变化值 ΔT。

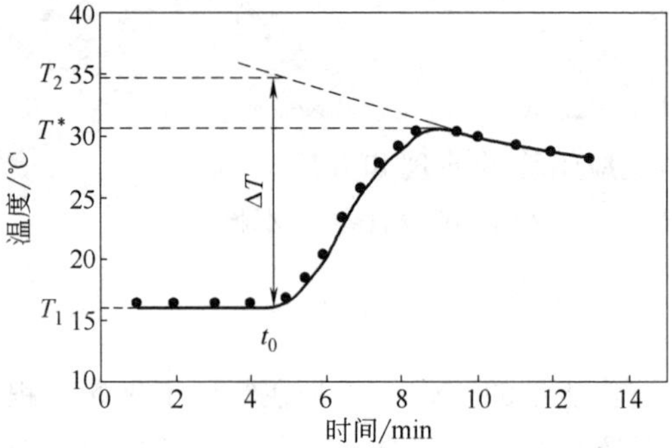

图1-2 外推作图法求 ΔT

【仪器与试剂】

仪器：分析天平，台秤，保温杯，精密温度计（0～50 ℃，0.1 ℃刻度），秒表，容量瓶（100 mL），移液管（25 mL），烧杯，玻璃棒，洗耳球。

试剂：硫酸铜晶体（$CuSO_4 \cdot 5H_2O$）（A. R.）、锌粉（C. P.）。

【实验内容】

化学反应摩尔焓变的测量

1. 用台秤称取2.5～3 g锌粉。

2. 用分析天平精确称取欲配制100 mL 0.2 mol·L^{-1} $CuSO_4$ 溶液所需要的 $CuSO_4 \cdot 5H_2O$ 晶体的质量，用100 mL容量瓶定容配制成溶液。

3. 用移液管准确移取50 mL所配制的 $CuSO_4$ 溶液于干燥洁净的保温杯中，盖好盖子，插入温度计。

4. 不断摇动溶液，每隔30 s记录一次温度，2 min后，迅速倒入已称好的锌粉，并立即盖好盖子，不断摇动溶液，每隔15 s记录一次温度。待温度上升到最高点后，再继续测定2 min。

【数据处理】

1. 作温度（T）-时间（t）图，用外推法求得反应前后温度的变化 ΔT。（可以用坐标纸或 Excel 软件作图）。

2. 取溶液的比热容 C 为 4.18 $J\cdot g^{-1}\cdot K^{-1}$，溶液的密度 ρ 为 1.00 $g\cdot mL^{-1}$（近似看作水），根据式（1-1）计算 $\Delta_r H_m$。

3. 计算相对误差：

$$相对误差=\frac{\Delta_r H_{m测}-\Delta_r H_{m理论值}}{\Delta_r H_{m理论值}}\times 100\%$$

$\Delta_r H_{m理论值}=-218.67\ kJ\cdot mol^{-1}$。

4. 对造成误差的主要因素进行分析。

【注意事项】

1. 测定前，应对分刻度为 0.1 ℃的精密温度计进行读数练习，要求在尽量短的时间内准确估读至 0.01 ℃。

2. 用温度计与保温杯安装量热计时，温度计水银球应接近，但不能接触保温杯底，从而保证实验中摇动保温杯时，水银球浸没在液体中。

3. 为了防止摇动过猛造成液体外溢，可在实验测定前将 100 mL 水倒入保温杯中，不加盖进行摇动试验，观察摇动时水在保温杯中能较好地转动同时又不会外溢，记住该摇动的节奏，在后面实验中保持这种节奏。

4. 量热计、烧杯、量筒、温度计等在使用前应清洗干净并用滤纸擦干待用。

5. 作 T-t 图时，适当选择坐标原点和单位，以提高作图的准确性。

【思政元素】

在反应热测定实验中，精确测量温度变化、物质的量及各种实验参数是关键。任何微小的疏忽都可能导致结果出现较大偏差。因此在科研与学习中需养成严谨、细致、一丝不苟的工作态度，尊重每一个数据，如同在未来的职业道路上，无论是从事学术研究、工程设计还是其他领域，都要以精准负责的精神对待每一项任务，明白细节决定成败，只有秉持严谨作风，才能在追求真理与卓越的道路上稳步前行。

【思考题】

1. 实验中所用锌粉为何不必用分析天平精确称量？

2. 实验中为什么要不断搅拌溶液并注意温度的变化？

【自测题】

参考答案

1. 在称量固体时，有同学将滤纸放在天平上，去皮后进行称量，请问该做法是否正确？（　　）

A. 正确　　　　B. 错误

2. 作温度（T）-时间（t）图，用外推法求得到反应前后温度的变化 ΔT。下列哪个示意图是正确的？（　　）

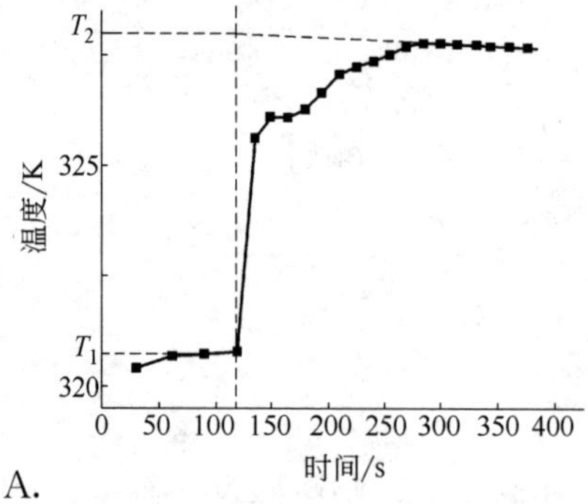

A.

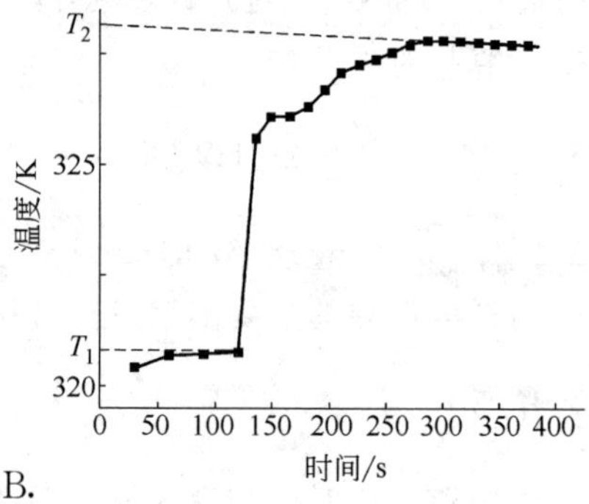

B.

实验二　化学反应速率与活化能
——数据表达与处理

【实验目的】

1. 了解浓度、温度、催化剂对化学反应速率的影响。
2. 学习测定反应速率、反应速率常数、反应级数及活化能的方法。
3. 掌握作图法处理实验数据。
4. 学习吸量管的使用方法。

【实验原理】

本实验测定的过二硫酸铵［$(NH_4)_2S_2O_8$］与碘化钾（KI）的反应是一个慢反应，反应的离子方程式为：

$$S_2O_8^{2-} + 3I^- = 2SO_4^{2-} + I_3^-(I_2 \cdot I^-) \tag{2-1}$$

反应的平均速率为

$$v = \frac{-\Delta c(S_2O_8^{2-})}{\Delta t}$$

为了测定 Δt 时间内 $S_2O_8^{2-}$ 浓度的变化量，在混合［$(NH_4)_2S_2O_8$］和 KI 的同时加入一定量已知浓度并含有淀粉的 $Na_2S_2O_3$ 溶液，这样在反应（2-1）进行的同时也进行如下反应：

$$2S_2O_3^{2-} + I_3^- = S_4O_6^{2-} + 3I^- \tag{2-2}$$

反应（2-2）是一个快反应，对反应（2-1）而言几乎在瞬间完成。由反应（2-1）产生的 I_3^- 会立即与 $Na_2S_2O_3$ 反应，所以一段时间以内，看不到 I_3^- 与淀粉作用产生的蓝色。一旦 $Na_2S_2O_3$ 耗尽，则微量的 I_3^- 就使溶液变色。

1. 反应速率 v、反应级数 m、n 和反应速率常数 k 的测定

由反应（2-1）和反应（2-2）可得

$$\Delta c(S_2O_8^{2-}) = \frac{\Delta c(S_2O_3^{2-})}{2}$$

故

$$v = \frac{-\Delta c(S_2O_8^{2-})}{\Delta t} = \frac{-\Delta c(S_2O_3^{2-})}{2\Delta t} = \frac{c(S_2O_3^{2-})_{始}}{2\Delta t} \tag{2-3}$$

式中，Δt 为加入 $Na_2S_2O_3$-淀粉溶液到溶液变蓝的时间。另外，v 可表示为

$$v = k[c(S_2O_8^{2-})]^m[c(I^-)]^n \tag{2-4}$$

v 是一个瞬时速率。当满足 $c(S_2O_8^{2-}) \gg c(S_2O_3^{2-})$ 时，平均速率约等于瞬时速率，从而可计算出 m、n 与 k 的值。

实验中，通过改变反应物 $S_2O_8^{2-}$ 和 I^- 的初始浓度，测定消耗等量的 $S_2O_8^{2-}$ 的物质的量浓度 $\Delta c(S_2O_8^{2-})$ 所需要的不同的时间间隔（Δt），计算得到反应物不同初始浓度的初速率。分别选取 $c(I^-)$、$c(S_2O_8^{2-})$ 相同的两组数据，由不同 v 值可求出 m、n。当 m、n 确定后可求出 k，从而得到反应的速率方程。

2. 反应活化能的测定

由阿伦尼乌斯（Arrhenius）方程 $\ln k=\ln A-\frac{E_a}{RT}$ 可知，$\ln k$ 与 $1/T$ 呈线性关系，$\ln A$ 是截距，$-\frac{E_a}{R}$ 是斜率。可以测定几个不同温度的 k 值，以 $\ln k$ 对 $1/T$ 作图，在图上选取两个非实验点（x_1，y_1）和（x_2，y_2），由斜率与截距求出活化能 E_a 及指前因子 A。

【仪器与试剂】

仪器：烧杯（50 mL、500 mL），试管，玻璃棒，温度计，吸量管（5 mL、10 mL），量筒，石棉网，电炉。

试剂：0.1 $mol\cdot L^{-1}$ KI，0.1 $mol\cdot L^{-1}$ KNO_3，0.1 $mol\cdot L^{-1}$ $(NH_4)_2SO_4$，0.001 $mol\cdot L^{-1}$ $Na_2S_2O_3$-0.8%淀粉混合液，0.1 $mol\cdot L^{-1}$ $(NH_4)_2S_2O_8$，0.05 $mol\cdot L^{-1}$ $CuSO_4$。

【实验内容】

1. 浓度对反应速率的影响

（1）取五个烧杯编号，用四支吸量管按表 2-1 的数据分别取样 0.1 $mol\cdot L^{-1}$ KI、0.1 $mol\cdot L^{-1}$ KNO_3、0.1 $mol\cdot L^{-1}$ $(NH_4)_2SO_4$、0.001 $mol\cdot L^{-1}$ $Na_2S_2O_3$-0.8%淀粉，得到混合液，用玻璃棒搅匀。注意每种液体使用对应吸量管不能混用。实验中加入 KNO_3、$(NH_4)_2SO_4$ 的目的是使每次实验的总体积及离子强度相等。

表 2-1 浓度改变对反应速率的影响 室温________℃

实验编号		一	二	三	四	五
试剂用量/mL	0.1 $mol\cdot L^{-1}$ $(NH_4)_2S_2O_8$	5	5	5	10	15
	0.001 $mol\cdot L^{-1}$ $Na_2S_2O_3$-0.8%淀粉混合液	5	5	5	5	5
	0.1 $mol\cdot L^{-1}$ KI	5	10	15	5	5
	0.1 $mol\cdot L^{-1}$ KNO_3	5	0	0	5	5
	0.1 $mol\cdot L^{-1}$ $(NH_4)_2SO_4$	10	10	5	5	0
反应浓度/$mol\cdot L^{-1}$	$c(I^-)$					
	$c(S_2O_8^{2-})$					
	$c(S_2O_3^{2-})$					

续表

实验编号	一	二	三	四	五
反应时间 Δt/s					
$S_2O_8^{2-}$ 的浓度变化 $\Delta c(S_2O_8^{2-})$/ mol·L^{-1}					
反应速率 v/mol·L^{-1}·s^{-1}					

(2) 用另一支吸量管吸取每组对应的 0.1 mol·L^{-1} $(NH_4)_2S_2O_8$ 溶液，迅速放入对应烧杯，同时用秒表开始计时，并不停搅拌。当溶液刚刚出现蓝色时停止计时，记下反应时间 Δt，填入表 2-1 中（注意：如果吸量管不能一次取完，则可以分次取，装入一个洁净小烧杯，再一起倒入对应烧杯中）。

2. 反应活化能的测定

用温度计、大烧杯、石棉网、电炉组成简易水浴装置。把小烧杯放入大烧杯中水浴。选取表 2-1 中的第一组，在 20～90 ℃选取四个温度，重复前面的实验内容（注意：尽量在一次实验中保持温度不变）。记录时间 Δt，填入表 2-2 中。

表 2-2　温度改变对反应速率的影响

实验编号	六	七	八	九
反应温度 T/℃				
反应时间 Δt/s				
$(1/T)$/K^{-1}				
速率常数 k				
$\ln k$				

3. 催化剂对反应速率的影响

Cu^{2+} 可作为本实验的催化剂，通过降低活化能、改变反应机理而使反应速率加快。

取表 2-1 中的实验编号一，在混合液中滴入 2 滴 $CuCl_2$ 溶液，重做实验。记下反应时间 Δt，填入表 2-3 中。

表 2-3　催化剂对化学反应速率的影响

实验编号	一	十	结论
反应时间 Δt/s			
反应速率 v/mol·L^{-1}·s^{-1}			

【数据处理】

1. 完成表 2-1，考查浓度对反应速率的影响。

2. 完成表 2-2，计算反应级数和反应速率常数，得到反应的速率方程。

将反应速率表示式 $v=kc^m(S_2O_8^{2-})c^n(I^-)$ 两边取对数：

$$\lg v = m\lg c(S_2O_8^{2-}) + n\lg c(I^-) + \lg k$$

当 $c(I^-)$不变时（即实验编号一、四、五），以 $\lg v$ 对 $\lg c(S_2O_8^{2-})$作图，可得一直线，斜率即为 m。同理，当 $c(S_2O_8^{2-})$不变时（即实验编号一、二、三），以 $\lg v$ 对 $\lg c(I^-)$作图，可求得 n，此反应的级数则为 $m+n$（可以使用 Excel 软件或坐标纸作图）。

将求得的 m 和 n 代入 $v=kc^m(S_2O_8^{2-})c^n(I^-)$即可求得反应速率常数 k，得到反应的速率方程，填入表 2-4 中。

表 2-4 计算反应级数和反应速率常数

实验编号	一	二	三	四	五
$\lg v$					
$\lg c(S_2O_8^{2-})$					
$\lg c(I^-)$					
m					
n					
反应速率常数 $k/L \cdot s^{-1} \cdot mol^{-1}$					
反应的速率方程					

3. 完成表 2-2，考查温度对反应速率的影响，并以此验证反应温度每升高 10 ℃，反应速率是否加快 2～3 倍。

4. 以 $\ln k$ 对 $1/T$ 作图，得到直线斜率并求出活化能 E_a，并与文献值 51.8 $kJ \cdot mol^{-1}$ 比较，计算相对误差（可以使用 Excel 软件或坐标纸作图）。

5. 完成表 2-3，并与未加入 $CuCl_2$ 溶液的结果比较，说明催化剂对反应速率的影响。

【注意事项】

1. 本实验为两人一组，两人要分工明确，密切配合。对溶液的量取、混合、搅拌、观察现象、计时都要仔细。

2. 取用 KI、$Na_2S_2O_3$、淀粉溶液、KNO_3、$(NH_4)_2SO_4$ 的量筒与取用 $(NH_4)_2S_2O_8$ 的量筒一定要分开，以避免溶液在混合前就已发生反应。

3. 搅拌用玻璃棒在每次测定前应清洗干净，并用滤纸擦干备用。

4. 反应后溶液刚出现蓝色时，应立即停止计时。

5. 进行温度对反应速率的影响实验时，若用一支温度计进行测温，在测定 KI、$Na_2S_2O_3$、淀粉溶液、KNO_3 等混合溶液后，温度计必须清洗干净，用滤纸擦干后，才能测定装$(NH_4)_2S_2O_8$ 的小烧杯的温度。

6. 在 KI、$Na_2S_2O_3$、淀粉等混合溶液中加入$(NH_4)_2S_2O_8$ 时，应迅速全部

加入。

7. 取用 KI 溶液时，应观察溶液为无色透明溶液。若溶液出现浅黄色，则有 I_2 析出，该溶液不能使用。

【思政元素】

本实验根据化学反应动力学理论设计操作流程。通过实验可以深刻理解理论指导实践，同时实践又能完善理论这一辩证过程。在学习与工作中应将所学理论灵活应用于实际场景，在实践中检验和升华理论，避免纸上谈兵，做到学以致用，提升解决实际问题的能力。

【思考题】

1. 反应液中为什么要加入 KNO_3、$(NH_4)_2SO_4$？
2. 取 $(NH_4)_2S_2O_8$ 试剂的量筒没有专用，对实验会有何影响？
3. 取 $(NH_4)_2S_2O_8$ 缓慢加入 KI 等混合溶液中，对实验有何影响？
4. 催化剂 $Cu(NO_3)_2$ 为何能够加快该化学反应的速率？

【自测题】

参考答案

1. 改变反应温度，能显著影响反应速率。（　　）

A. 正确　　B. 错误

2. 本实验操作中计时是否准确，对实验结果没有影响。（　　）

A. 正确　　B. 错误

3. 实验中加入 KNO_3、$(NH_4)_2SO_4$ 以保持实验溶液中离子强度不变。（　　）

A. 正确　　B. 错误

4. 实验中待反应溶液出现蓝色时，说明过二硫酸铵与碘化钾反应终止。（　　）

A. 正确　　B. 错误

5. 本实验除了可以用过二硫酸铵的浓度变化表示反应速率之外，也可用 I^-、SO_4^{2-} 及 I_3^- 的浓度变化来表示反应速率。（　　）

A. 正确　　B. 错误

实验三 乙酸解离度和解离平衡常数的测定——pH 计的使用

【实验目的】

1. 了解用 pH 法测定乙酸解离度和解离平衡常数的原理与方法。
2. 学习酸度计的使用方法。
3. 理解弱电解质解离度、解离平衡常数与浓度的关系。
4. 学习移液管、吸量管的使用方法。

【实验原理】

乙酸（CH_3COOH）是弱电解质，在水溶液中存在如下解离平衡：

$$\mathrm{HAc(aq)} \rightleftharpoons \mathrm{H^+(aq)} + \mathrm{Ac^-(aq)}$$

	HAc(aq)	H^+(aq)	Ac^-(aq)
起始浓度/$mol \cdot L^{-1}$	c	0	0
平衡浓度/$mol \cdot L^{-1}$	$c-c\alpha$	$c\alpha$	$c\alpha$

式中，α 为乙酸的解离度，平衡常数表达式为：

$$K_a^{\ominus}=\frac{[\mathrm{H^+}][\mathrm{Ac^-}]}{[\mathrm{HAc}]}=\frac{(c\alpha)^2}{c(1-\alpha)}$$

当解离度 $\alpha<5\%$时，可以近似处理为 $[\mathrm{HAc}]\approx c$，上式可化简为：

$$K_a^{\ominus}=\frac{c\alpha^2}{1-\alpha}$$

当实验中使用酸度计测量一系列已知浓度的乙酸的 pH，然后求出一系列对应的乙酸解离度 α 和解离平衡常数 K_a。根据实验数据，分析在一定温度下，乙酸浓度的变化对 α 与 K_a 的影响。算出 K_a 的平均值，并与标准值 1.8×10^{-5} 比较，计算相对误差。

【仪器与试剂】

仪器：酸度计及相应电极，移液管（50 mL），吸量管（25 mL），烧杯（100 mL）。

试剂：0.1 $mol \cdot L^{-1}$ HAc 标准溶液（由实验室标定出准确浓度），标准缓冲溶液。

乙酸电离度和解离平衡常数的测定

【实验内容】

1. 配制溶液

取四个干燥 100 mL 烧杯，用移液管或吸量管按表 3-1 中四组数据分别准确取 HAc 标准溶液和去离子水加入相应烧杯（取 HAc 与去离子水的移液管、吸量管要严格分开，一次取完所有的 HAc 后再取去离子水），并混合均匀。计算各烧杯中 HAc 的精确浓度，填入表 3-1 中。

表 3-1　不同浓度的乙酸解离度和解离平衡常数

实验室温 $T=$ 　　℃

实验编号	$V(HAc)$ /mL	$V(H_2O)$ /mL	$c[HAc]$ /$mol \cdot L^{-1}$	pH	$c[H^+]$ /$mol \cdot L^{-1}$	α /%	K_a	K_a 平均值
1	50.00	0						
2	25.00	25.00						
3	15.00	35.00						
4	5.00	45.00						

2. 测定乙酸溶液的 pH

使用酸度计，按照浓度由低到高的顺序测定各组的 pH，并计算各组溶液的解离度 α 和解离平衡常数 K_a，填入表 3-1 中。

3. 计算

根据实验数据，计算一定温度下浓度 c 与解离度 α、解离平衡常数 K_a 的关系，把 K_a 的平均值与标准值比较，进行误差分析。

【注意事项】

1. 在对标准醋酸溶液进行取液前，应看清移液管或吸量管上是否有“B”的标记，有“B”的，则应将移液管尖嘴的液体吹入容量瓶，无“B”的则不可用外力使尖嘴处的液体流出，因为移液管的容积不包括尖嘴处残留的液体。

2. 盛装不同浓度的四只小烧杯应清洗干净，并用滤纸擦干待用。

3. 测定醋酸溶液前应将复合电极用蒸馏水清洗并用滤纸将玻璃表面的水分吸干。

4. 测定醋酸溶液的 pH 时应按由稀到浓的顺序进行测定，以避免可能残留在电极上的浓酸对稀酸 pH 产生影响造成误差。

【思考题】

1. 用 pH 计测定醋酸溶液的 pH 值，为什么要按浓度由低到高的顺序进行？

2. 醋酸的解离度和解离平衡常数是否受醋酸浓度变化的影响？

3. 若所用醋酸溶液的浓度极稀，是否还可用公式 $K_a=\frac{c^2[H^+]}{c}$ 计算解离平衡常数？

参考答案

【自测题】

1. 实验中，随着醋酸溶液的稀释，下列叙述正确的是（　　）。

A. pH 将减小

B. 解离度减小

C. 解离常数不变

2. 用 pH 计测量溶液 pH 时，下列操作正确的是（　　）。

A. 电极不用时直接放在空气中，下次使用前再清洗

B. 为了使测量更准确，可将电极长时间浸泡在被测溶液中

C. 测量前需要用标准缓冲溶液对酸度计进行校准

D. 酸度计读数稳定后即可记录，不用考虑温度的影响

实验四 解离平衡

【实验目的】

1. 加强对解离平衡、同离子效应理论的理解。
2. 掌握缓冲溶液的原理与其配制方法。
3. 了解同离子效应、盐类水解反应并会用平衡移动的原理解释实验现象。
4. 进一步了解指示剂及 pH 试纸的使用方法。

【实验原理】

1. 弱电解质的解离平衡

弱酸或弱碱在水中部分解离，$AB \rightleftharpoons A^+ + B^-$。温度、弱电解质浓度 $c(AB)$ 及水溶液中的 A^+、B^- 浓度等因素可以影响其解离平衡的移动。解离反应是吸热反应，所以升高温度可以使平衡向解离方向移动；而增大 A^+、B^- 浓度则使平衡向生成 AB 的方向移动，这种影响称为同离子效应。利用同离子效应可以使弱电解质解离度减小，也能使难溶电解质的溶解度减小。

2. 缓冲溶液

弱酸、弱碱及其盐可以组成缓冲溶液，缓冲溶液的特点是能抵御少量外来酸碱而保持 pH 值不变。其对应的计算公式为：

$$pH = pK_a + \lg(c_{盐}/c_{酸}) \qquad pOH = pK_b + \lg(c_{盐}/c_{碱})$$

当 $c_{盐}/c_{酸}$ 或者 $c_{盐}/c_{碱}$ 的比例为 0.1～10 之间时，溶液才具有比较大的缓冲作用，所以在配制缓冲溶液时，选择的弱电解质 K 值和缓冲溶液的 pH 值的关系要控制在：

$$pH = pK_a \pm 1 \qquad pOH = pK_b \pm 1$$

缓冲溶液的缓冲能力是有限的，大量的外来酸碱会破坏其缓冲能力。

3. 盐类水解

盐类会因为水解而显出酸碱性，强碱弱酸盐呈碱性，强酸弱碱盐呈酸性，弱酸弱碱盐的酸碱性则由其正负离子各自所对应的弱碱、弱酸的 K_b、K_a 值的相对大小决定，例如 NH_4Ac 呈中性（$K_a \approx K_b$），而 $(NH_4)_2S$ 则呈碱性（$K_a < K_b$）。盐类水解相应生成的弱酸弱碱越弱，则水解越强烈。弱酸弱碱盐的正、负离子可以发生“双水解”，使平衡进行到底，水解完全。

水解反应是吸热反应，所以温度升高可以使平衡向水解方向移动。在水解平衡中增加或减少反应物或生成物的量也能使平衡移动，如：

$$BiCl_3 + H_2O \longrightarrow BiOCl\downarrow(白色) + 2HCl$$

为了防止盐类水解，可以在系统中加入酸，使 $c(H^+)$ 增大，从而使平衡左移，抑制水解。而当强酸弱碱盐和强碱弱酸盐相遇时，可以相互加剧水解，如：

$$2Al^{3+} + 3CO_3^{2-} + 3H_2O \xlongequal{} 2Al(OH)_3 \downarrow + 3CO_2$$

反应进行得十分彻底。

【仪器与试剂】

仪器：试管，试管夹，量筒（10 mL），烧杯，酒精灯，点滴板，药匙，玻棒。

试剂：0.1 $mol \cdot L^{-1}$ 氨水，2 $mol \cdot L^{-1}$ 氨水，0.1 $mol \cdot L^{-1}$ NaOH，6 $mol \cdot L^{-1}$ NaOH，0.1 $mol \cdot L^{-1}$ HCl，2 $mol \cdot L^{-1}$ HCl，6 $mol \cdot L^{-1}$ HCl，0.1 $mol \cdot L^{-1}$ HAc，2 $mol \cdot L^{-1}$ HAc，0.1 $mol \cdot L^{-1}$ NaAc，2 $mol \cdot L^{-1}$ NaAc，0.1 $mol \cdot L^{-1}$ $Al_2(SO_4)_3$，0.5 $mol \cdot L^{-1}$ $NaHCO_3$，NH_4Ac 固体，酚酞，甲基橙。

【实验内容】

1. 弱电解质的解离平衡

（1）在试管中加入 10 滴 0.1 $mol \cdot L^{-1}$ 氨水，滴入 1 滴酚酞，观察颜色变化。再加入少量 NH_4Ac 固体，振荡试管，再观察颜色变化，解释原因（表 4-1）。

表 4-1 （1）实验现象记录

实验内容	颜色	解释
0.1 $mol \cdot L^{-1}$ 氨水＋酚酞		
上述液体＋NH_4Ac 固体		

（2）在试管中加入 10 滴 0.1 $mol \cdot L^{-1}$ HAc，滴入 1 滴甲基橙，观察颜色变化。再加入少量 NH_4Ac 固体，振荡试管，再观察颜色变化，解释原因（表 4-2）。

表 4-2 （2）实验现象记录

实验内容	颜色	解释
0.1 $mol \cdot L^{-1}$ HAc＋甲基橙		
上述液体＋NH_4Ac 固体		

2. 缓冲溶液

（1）按表 4-3 中数据在两只烧杯中分别配两组缓冲溶液（组 1 在一只烧杯中，组 2 在另一只烧杯中）。

搅拌均匀后，用 pH 试纸测定其 pH 值并与计算值相比较。

表 4-3 缓冲溶液的 pH 值

实验编号	酸（10 mL）	盐（10 mL）	计算 pH 值	实测 pH 值
组 1	2 $mol \cdot L^{-1}$ HAc	2 $mol \cdot L^{-1}$ NaAc		
组 2	0.1 $mol \cdot L^{-1}$ HAc	0.1 $mol \cdot L^{-1}$ NaAc		

（2）把上述两组液体等分为五份，各取相同体积组 1、组 2 液体及等量清水，按照表 4-4 中的操作测其 pH 值，填 pH 值入表中。

表 4-4　待测溶液及其 pH 测定值

实验内容	pH 测定值		
	组 1	组 2	清水
加入 0.5 mL 去离子水			
加入 0.5 mL 0.1 $mol·L^{-1}$ HCl			
加入 0.5 mL 0.1 $mol·L^{-1}$ NaOH			
加入 0.5 mL 6 $mol·L^{-1}$ HCl			
加入 0.5 mL 6 $mol·L^{-1}$ NaOH			

比较表 4-3 中的数据与表 4-4 中的原始 pH 值，体会缓冲溶液浓度和缓冲能力的关系，体会“缓冲能力是有限的”。

（3）自己设计实验，思考缓冲对的选择，根据药品浓度计算体积，配制 pH＝9 的缓冲溶液 100 mL，并证明其 pH 值和缓冲能力，思考如何增加其缓冲容量。

拓展材料：缓冲溶液配制的计算

3. 盐类水解

（1）在试管中加入 3 mL 2 $mol·L^{-1}$ NaAc 溶液，滴入 1 滴酚酞，观察溶液颜色。再将试管放入盛有开水的烧杯中加热，观察溶液颜色变化。冷却试管，再观察溶液颜色变化。解释实验现象。

（2）在试管中加入 2 mL 去离子水，再滴入 5 滴 $BiCl_3$ 溶液观察现象，再滴加 0.1 $mol·L^{-1}$ HCl，又出现什么现象？解释原因并由此说明如何防止盐类水解。

（3）取两支试管，分别加入 1 mL 0.1 $mol·L^{-1}$ $Al_2(SO_4)_3$ 和 1 mL 0.5 $mol·L^{-1}$ $NaHCO_3$ 溶液，用 pH 试纸测定其 pH 值，然后把两种溶液混合，观察并解释实验现象。

【数据处理】

1. 完成表 4-1～表 4-4，并对表中的数据进行分析解释。

2. 盐类水解部分按照每个实验“步骤-现象-解释”一一对应，绘制表格记录（格式参照二维码资源“拓展材料：实验报告示例”）。

【注意事项】

1. 实验时药品瓶尽量保留在药品架上，或者使用后及时归位。方便实验老师和后续同学的使用。

2. 严格按照实验要求的量加入试剂。

3. 实验后的废液倒入专门的废液回收桶内。

【思考题】

1. 什么叫同离子效应，哪些情况会产生同离子效应？在 $CaCO_3$ 饱和溶液中加入 Na_2CO_3 是否产生同离子效应，有何现象？

2. 什么是缓冲溶液，NaH_2PO_4 与 Na_2HPO_4 的混合溶液是否为缓冲溶液？

3. 盐类水解是怎样产生的，可以采取哪些措施防止盐类发生水解？

4. 欲配制 $BiCl_3$ 溶液，能否将 $BiCl_3$ 固体直接溶于水？

【自测题】

参考答案

1. 欲配制 pH 值为 9 的缓冲溶液，可以选择 HAc-NaAc 体系来配制。（　　）

A. 正确　　B. 错误

2. 用 HCl 防止 $BiCl_3$ 溶液水解，是因为同离子效应。（　　）

A. 正确　　B. 错误

实验五　溶解平衡

【实验目的】

1. 理解难溶电解质的溶解平衡，熟练掌握溶度积规则。
2. 了解难溶电解质的转化规律。
3. 掌握离心机的操作方法。

【实验原理】

在难溶电解质的饱和溶液中，如果还有未溶解的难溶电解质固体，则溶解后的离子与未溶解的固体之间存在沉淀溶解平衡。例如，在含有 AgCl 固体的 AgCl 饱和溶液中存在如下平衡：

$$AgCl(s) \rightleftharpoons Ag^{+}(aq) + Cl^{-}(aq)$$

其标准平衡常数表达式为

$$K_{sp}^{\ominus} = [c^{eq}(Ag^{+})/c^{\ominus}][c^{eq}(Cl^{-})/c^{\ominus}] \quad (饱和溶液)$$

式中，$K_{sp}^{\ominus}$ 简称为标准溶度积。

当溶液处于非饱和态（未饱和或过饱和）时，则用 Q_c 表示离子积，其表达式为

$$Q_c = [c(Ag^{+})/c^{\ominus}][c(Cl^{-})/c^{\ominus}] \quad (非饱和溶液)$$

可通过比较离子积与溶度积的大小判断沉淀的生成和溶解，这一判断称为溶度积规则，即

$Q_c > K_{sp}^{\ominus}$　有沉淀生成

$Q_c = K_{sp}^{\ominus}$　饱和溶液

$Q_c < K_{sp}^{\ominus}$　溶液不饱和或沉淀溶解

从溶度积规则可知：若要生成某一难溶电解质的沉淀，就需设法增大它的某种离子的浓度，使其离子浓度（以其系数为指数）的乘积 Q_c（离子积）大于它的 $K_{sp}^{\ominus}$；反之，要使沉淀溶解，就要设法降低它的某种离子浓度，使其离子积 Q_c 小于 $K_{sp}^{\ominus}$。

若溶液中的几种离子都能与加入的某种试剂（沉淀剂）反应生成沉淀，当逐滴加入沉淀剂时出现各离子依先后次序沉淀的现象，称为分步沉淀。分步沉淀的次序为：需要沉淀剂浓度较小的难溶电解质先析出沉淀，沉淀剂浓度较大的后析出沉淀。

在含有一种难溶电解质沉淀的溶液中加入某种试剂，使其转化为另一种难溶电解质沉淀的过程称为沉淀的转化。沉淀转化的方向为溶解度较大的难溶电解质沉淀转化为溶解度较小的难溶电解质沉淀。

【仪器与试剂】

仪器：试管，离心试管，离心机，量筒。

试剂：2 mol·L^{-1}HCl，H_2S饱和溶液，2 mol·L^{-1}氨水，2 mol·L^{-1}NaOH，0.1 mol·L^{-1}$AgNO_3$，0.1 mol·L^{-1}K_2CrO_4，0.1 mol·L^{-1}NaCl，0.01 mol·L^{-1}$CaCl_2$，0.1 mol·L^{-1}$CaCl_2$，0.1 mol·L^{-1}Na_2S，0.01 mol·L^{-1}Na_2CO_3，0.1 mol·L^{-1}Na_2CO_3，0.1 mol·L^{-1}$MgCl_2$，2 mol·L^{-1}NH_4Cl，0.1 mol·L^{-1}$MnSO_4$，0.1 mol·L^{-1}$FeCl_3$，0.1 mol·L^{-1}$NiCl_2$，0.1 mol·L^{-1}KBr，2 mol·L^{-1}$Na_2S_2O_3$，广泛pH试纸。

【实验内容】

1. 沉淀的生成和溶解

(1) 取两支试管各加入5 mL去离子水，然后分别滴入1滴0.01 mol·L^{-1} $CaCl_2$溶液和1滴0.01 mol·L^{-1} Na_2CO_3溶液，并摇匀。将两试管中的溶液混合，观察有无沉淀生成。

往离心试管中加入1 mL 0.1 mol·L^{-1} $CaCl_2$溶液和1 mL 0.1 mol·L^{-1} Na_2CO_3溶液，振荡试管，观察沉淀的生成。用离心机离心分离后，将上层清液注入另一试管中，在遗留的沉淀中加入2 mol·L^{-1} HCl溶液，观察沉淀的溶解。向清液中滴加数滴0.01 mol·L^{-1} $CaCl_2$溶液，观察沉淀的生成。解释上述现象，写出有关反应方程式。

(2) 取两支试管各加入5滴0.1 mol·L^{-1} $MnSO_4$溶液，然后分别滴加H_2S饱和溶液或0.1 mol·L^{-1} Na_2S溶液，观察哪支试管有沉淀生成。在有沉淀的试管中加入2～3滴2 mol·L^{-1} HCl溶液，观察现象，用溶度积规则解释原因。

(3) 取两支试管各加入1 mL 0.1 mol·L^{-1} $MgCl_2$溶液，然后分别滴入数滴2 mol·L^{-1}氨水，至产生沉淀为止；再往其中一支试管中滴加2 mol·L^{-1} NH_4Cl溶液，至沉淀消失为止；向其中另一支试管中滴加2 mol·L^{-1} HCl溶液，至沉淀消失为止。用平衡移动的观点解释现象。

2. 分步沉淀

(1) 在离心试管中加入3 mL去离子水，然后滴入1滴0.1 mol·L^{-1} NaCl溶液和1滴0.1 mol·L^{-1} K_2CrO_4溶液，摇匀后，边振荡边慢慢滴入1滴0.1 mol·L^{-1} $AgNO_3$溶液，观察白色沉淀的生成，继续边振荡边滴入$AgNO_3$直至白色沉淀不再增加（注意：$AgNO_3$的滴入不要太快，以免直接生成砖红色沉淀）；离心分离，再往清液中滴加$AgNO_3$溶液，至生成砖红色沉淀为止。解释上述实验现象，写出反应方程式。

(2) 在试管中加入3 mL 0.1 mol·L^{-1}$FeCl_3$溶液和3 mL 0.1 mol·L^{-1}$NiCl_2$溶

液，摇匀。利用生成氢氧化物沉淀的方法分离 Fe^{3+} 和 Ni^{2+}，先算出应控制的 pH 范围，然后写出控制酸度的方法、分离和验证分离效果的实验步骤，再进行实验并记录观察到的现象，写出反应方程式。

拓展材料：控制酸度的计算过程和实验步骤

3. 沉淀的转化

在离心试管中加入 5 滴 0.1 $mol \cdot L^{-1}$ $AgNO_3$ 溶液和 5 滴 0.1 $mol \cdot L^{-1}$ K_2CrO_4 溶液，振荡试管，观察沉淀颜色。离心分离，弃去清液，往沉淀上滴加 0.1 $mol \cdot L^{-1}$ NaCl 溶液，边加边振荡直到砖红色沉淀消失，白色沉淀生成为止。解释现象，写出有关的反应方程式。

4. 沉淀配位平衡

在试管中加入 10 滴 0.1 $mol \cdot L^{-1}$ $AgNO_3$ 溶液，滴入 1 滴 0.1 $mol \cdot L^{-1}$ NaCl 溶液，观察白色沉淀的生成，然后滴入数滴 2 $mol \cdot L^{-1}$ 氨水至白色沉淀溶解；再向试管中滴加 0.1 $mol \cdot L^{-1}$ KBr 溶液，至沉淀生成，然后滴入数滴 2 $mol \cdot L^{-1}$ $Na_2S_2O_3$ 溶液至沉淀溶解。解释上述实验现象，写出反应方程式。

【数据处理】

本实验数据处理请按照每个实验“步骤-现象-解释”一一对应，绘制表格记录（见表 5-1）。

表 5-1　溶解平衡实验报告格式示例

实验步骤	实验现象	解释 （注：采用化学方程式＋必要的理论解释）
……	……	……
……	……	……
……	……	……

【注意事项】

1. 实验时药品瓶尽量保留在药品架上，或者使用后及时归位。方便实验老师和后续同学的使用。
2. 严格按照实验要求的量加入试剂。
3. 实验后的废液倒入专门的废液回收桶内。

【思政元素】

重金属污染是当今环境保护所面临的一个严重问题，重金属如汞、镉、铅、铬等在环境中难以降解，会在土壤、水体中长期积累，通过食物链的富集作用，逐级放大其毒性，最终对生态系统造成严重破坏。重金属对人体的毒性主要体现在对神经系统、生殖系统、免疫系统等的损害。化学沉淀法是污水中重金属处理的一种重要方法。作为化学学习者和未来从业者，我们有责任和义务采取措施减少重金属污染，保护环境和人类健康。

拓展材料：重金属污染

【思考题】

1. 离心分离操作中应注意什么问题？
2. 在分步沉淀中溶度积小的难溶电解质一定先沉淀析出吗？试举例说明。
3. 分析溶解度与溶度积定义的异同点，推导出溶解度与溶度积的换算公式。

【自测题】

参考答案

1. 下列有关分步沉淀的叙述正确的是（　　）。

A. 被沉淀离子浓度大的先沉淀

B. 沉淀时所需沉淀剂浓度小者先沉淀出来

C. 溶度积小者一定先沉淀出来

D. 只要标准溶度积常数不同就可以实现混合离子的分离

2. 难溶电解质的标准溶度积常数大的，其溶解度也一定大。（　　）

A. 正确　　　　B. 错误

实验六　氧化还原反应和氧化还原平衡

【实验目的】

1. 学会装配原电池。

2. 掌握电极的本性、电对的氧化型或还原型物质的浓度、介质的酸度等因素对电极电势、氧化还原反应的方向、产物、速率的影响。

3. 通过实验了解化学电池电动势。

【实验原理】

凡把化学能转变为电能的装置称为化学电源（电池或原电池）。电池是由两个电极和连通两个电极的电解质溶液组成的，如图 6-1 所示。

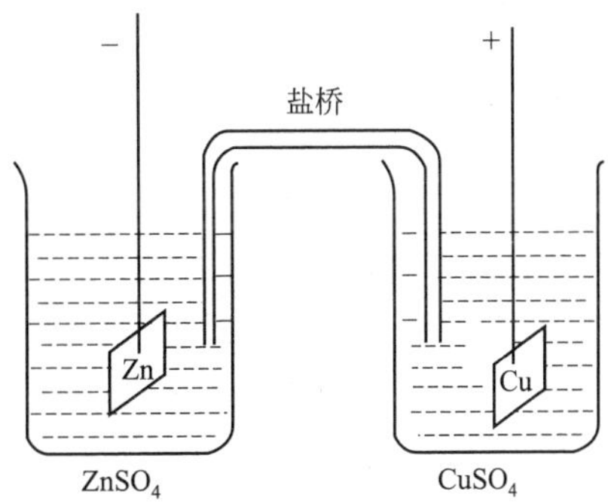

图 6-1　铜锌原电池

把 Zn 片插入 $ZnSO_4$ 溶液中构成 Zn 电极，把 Cu 片插在 $CuSO_4$ 溶液中构成 Cu 电极。用盐桥（其中充满电解质）把这两个电极连接起来就成为 Cu-Zn 电池。在电池中，每个电极都具有一定的电极电势。当电池处于平衡态时，两个电极的电极电势之差就等于该可逆电池的电动势，按照我们常采用的习惯，规定电池的电动势等于正、负电极的电极电势之差。即

$$E=\varphi_+-\varphi_-$$

式中，E 是原电池的电动势，φ_+ 和 φ_- 分别代表正、负极的电极电势。其中：

$$\varphi_+=\varphi_+^{\ominus}-\frac{RT}{ZF}\ln\frac{a_{\text{氧化}}}{a_{\text{还原}}}$$

$$\varphi_-=\varphi_-^{\ominus}-\frac{RT}{ZF}\ln\frac{a_{\text{氧化}}}{a_{\text{还原}}}$$

式中，R 为摩尔气体常数，8.134 $J\cdot mol^{-1}\cdot K^{-1}$；$T$ 为热力学温度；Z 为反应中得失电子的数量；F 为法拉第常数，96485 $C\cdot mol^{-1}$；$a_{\text{氧化}}$ 为参与电极反应的物质的氧化态的活度；$a_{\text{还原}}$ 为参与电极反应的物质的还原态的活度。

对于 Cu-Zn 电池，其电池表示式为：

$$(-)Zn \mid ZnSO_4(m_1) \parallel CuSO_4(m_2) \mid Cu(+)$$

负极反应：$Zn \longrightarrow Zn^{2+}(m_1)+2e^-$

正极反应：$Cu^{2+}(m_2)+2e^- \longrightarrow Cu$

电池反应：$Zn+Cu^{2+}(m_2) \longrightarrow Zn^{2+}(m_1)+Cu$

其电动势为：$E=\varphi_{Cu^{2+}/Cu}-\varphi_{Zn^{2+}/Zn}$

$$\varphi_{Cu^{2+}/Cu}=\varphi^{\ominus}_{Cu^{2+}/Cu}-\frac{RT}{2F}\ln\frac{1}{a_{Cu^{2+}}}$$

$$\varphi_{Zn^{2+}/Zn}=\varphi^{\ominus}_{Zn^{2+}/Zn}-\frac{RT}{2F}\ln\frac{1}{a_{Zn^{2+}}}$$

Cu^{2+}、Zn^{2+}的活度可由其浓度m_i和相应电解质溶液的平均活度系数$\gamma_{\pm}$计算出来：

$$a_{Cu^{2+}}=m_2\gamma_{\pm};\ a_{Zn^{2+}}=m_1\gamma_{\pm}$$

在稀溶液中$\gamma_{\pm}\approx1$，故有：$a_{Cu^{2+}}\approx m_2$；$a_{Zn^{2+}}\approx m_1$

从上面的计算式推导可知，Cu^{2+}、Zn^{2+}的浓度变化，将引起其电极电势的变化及其电池电动势的变化。

【仪器与试剂】

仪器：试管（离心、10 mL），烧杯（100 mL、250 mL），伏特计（或酸度计），表面皿，U 形管。

固体药品：琼脂，氟化铵。

液体药品：浓 HCl，2 mol·L^{-1} HNO_3，6 mol·L^{-1} HAc，1 mol·L^{-1} H_2SO_4，6 mol·L^{-1} NaOH，浓氨水，1 mol·L^{-1} $ZnSO_4$，0.01 mol·L^{-1} $CuSO_4$，1 mol·L^{-1} $CuSO_4$，0.1 mol·L^{-1} KI，0.1 mol·L^{-1} KBr，0.1 mol·L^{-1} $FeCl_3$，0.1 mol·L^{-1} $Fe_2(SO_4)_3$，1 mol·L^{-1} $FeSO_4$，3% H_2O_2，0.1 mol·L^{-1} KIO_3，溴水，0.1 mol·L^{-1}碘水，饱和氯水，饱和 KCl，CCl_4，酚酞指示剂，0.4%淀粉溶液。

材料：电极（锌片、铜片），回形针，红色石蕊试纸（或酚酞试纸），导线，砂纸，滤纸。

【实验内容】

1. 氧化还原反应和电极电势

（1）在试管中加入 0.5 mL（大约 10 滴）0.1 mol·L^{-1} KI 溶液和 2 滴 0.1 mol·L^{-1} $FeCl_3$ 溶液，摇匀后加入 0.5 mL CCl_4，充分振荡，观察 CCl_4 层颜色有无变化，记录入表 6-1。

表 6-1 （1）实验现象记录

实验内容	CCl_4 层颜色变化	解释
0.1 mol·L^{-1}KI+0.1 mol·$L^{-1}$$FeCl_3$，摇匀后加入 CCl_4		

（2）用 0.1 mol·L^{-1} KBr 溶液代替 KI 溶液进行同样实验，观察现象，记录入表 6-2。

表 6-2 （2）实验现象记录

实验内容	CCl_4 层颜色变化	解释
KBr 代替 KI 进行上述实验		

（3）两支试管中分别加入 3 滴碘水、溴水，然后加入约 0.5 mL 0.1 mol·L^{-1} $FeSO_4$ 溶液，摇匀后，注入 0.5 mL CCl_4，充分振荡，观察 CCl_4 层有无变化。

根据以上实验结果，定性地比较 Br_2/Br^-、I_2/I^- 和 Fe^{3+}/Fe^{2+} 三个电对的电极电势，记录入表 6-3。

表 6-3 （3）实验现象记录

实验内容	CCl_4 层颜色变化	解释
3 滴碘水＋0.5 mL 0.1 mol·L^{-1} $FeSO_4$ 溶液，摇匀后注入 0.5 mL CCl_4		
3 滴溴水＋0.5 mL 0.1 mol·L^{-1} $FeSO_4$ 溶液，摇匀后注入 0.5 mL CCl_4		
比较电极电势		

2. 浓度对电极电势的影响

（1）往一只小烧杯中加入约 30 mL 1 mol·L^{-1} $ZnSO_4$ 溶液，在其中插入锌片；往另一只小烧杯中加入约 30 mL 1 mol·L^{-1} $CuSO_4$ 溶液，在其中插入铜片。用盐桥将两只烧杯相连，组成一个原电池。用导线将锌片和铜片分别与伏特计（或酸度计）的负极和正极相接，测量两极之间的电压（图 6-2）。

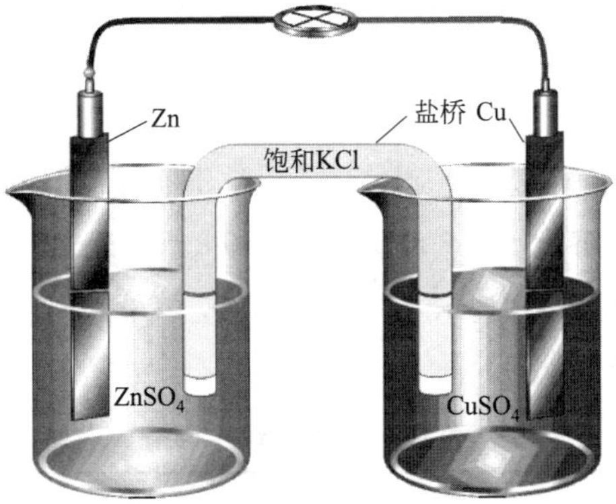

图 6-2 铜锌原电池组成示意图

在 $CuSO_4$ 溶液中注入浓氨水至生成的沉淀溶解为止，生成深蓝色的溶液：

$$Cu^{2+} + 4NH_3 \longrightarrow [Cu(NH_3)_4]^{2+}$$

测量电压，观察有何变化。

再于 $ZnSO_4$ 溶液中加入浓氨水至生成的沉淀完全溶解为止：

$$Zn^{2+} + 4NH_3 \longrightarrow [Zn(NH_3)_4]^{2+}$$

测量电压，观察又有什么变化。利用 Nernst 方程式来解释实验现象，记录入表 6-4。

表 6-4 (1) 实验现象记录

实验内容	现象	解释
原电池正、负两极间电压		
$CuSO_4$ 溶液中注入浓氨水再测量电压		
$ZnSO_4$ 溶液中加入浓氨水再测量电压		

(2) 自行设计并测量下列浓差电池的电动势，将实验值与计算值比较，记录入表 6-5。

$$Cu|CuSO_4(0.01\ mol\cdot L^{-1}) \| CuSO_4(1\ mol\cdot L^{-1})|Cu$$

表 6-5 (2) 实验现象记录一

实验内容	实验值	计算值	解释
浓差电池电动势			

在浓差电池的两极各连一个回形针，然后在表面皿上放一小块滤纸，滴加 $1\ mol\cdot L^{-1}$ Na_2SO_4 溶液，使滤纸完全湿润，再加入酚酞 2 滴。将两极的回形针压在纸上，使其相距约 1 mm，稍等片刻，观察所压处，哪一端出现红色，记录入表 6-6。

表 6-6 (2) 实验现象记录二

实验内容	实验现象	解释
观察所压处，哪一端出现红色		

3. 酸度和浓度对氧化还原反应的影响

(1) 酸度的影响

① 在 3 支均盛有 0.5 mL $0.1\ mol\cdot L^{-1}$ Na_2SO_3 溶液的试管中，分别加入 0.5 mL $1\ mol\cdot L^{-1}$ H_2SO_4 溶液、0.5 mL 蒸馏水和 0.5 mL $6\ mol\cdot L^{-1}$ NaOH 溶液，混合均匀后，再各滴入 2 滴 $0.01\ mol\cdot L^{-1}$ $KMnO_4$ 溶液，观察颜色的变化有何不同，写出反应式，记录入表 6-7。

表 6-7 ①实验现象记录

实验内容	颜色	反应式
0.5 mL $0.1\ mol\cdot L^{-1}$ Na_2SO_3 + 0.5 mL $1\ mol\cdot L^{-1}$ H_2SO_4 + 2 滴 $0.01\ mol\cdot L^{-1}$ $KMnO_4$		
0.5 mL $0.1\ mol\cdot L^{-1}$ Na_2SO_3 + 0.5 mL 蒸馏水 + 2 滴 $0.01\ mol\cdot L^{-1}$ $KMnO_4$		
0.5 mL $0.1\ mol\cdot L^{-1}$ Na_2SO_3 + 0.5 mL $6\ mol\cdot L^{-1}$ NaOH + 2 滴 $0.01\ mol\cdot L^{-1}$ $KMnO_4$		

② 在试管中加入 0.5 mL 0.1 mol•L^{-1} KI 溶液和 2 滴 0.1 mol•L^{-1} KIO_3 溶液，再加几滴淀粉溶液，混合后观察溶液颜色有无变化。然后加 2～3 滴 1 mol•L^{-1} H_2SO_4 溶液酸化混合液，观察有什么变化，最后滴加 2～3 滴 6 mol•L^{-1} NaOH 使混合液显碱性，又有什么变化。写出有关反应式，记录入表 6-8。

表 6-8　②实验现象记录

实验内容	颜色	反应式
0.5 mL 0.1 mol•L^{-1} KI+2 滴 0.1 mol•L^{-1} KIO_3+淀粉		
上述溶液中加 2～3 滴 1 mol•L^{-1} H_2SO_4		
上述溶液中再加 2～3 滴 6 mol•L^{-1} NaOH		

（2）浓度的影响

① 往盛有 H_2O、CCl_4 和 0.1 mol•L^{-1} $Fe_2(SO_4)_3$ 各 0.5 mL 的试管中加入 0.5 mL 0.1 mol•L^{-1} KI 溶液，振荡后观察 CCl_4 层的颜色，记录入表 6-9。

表 6-9　①实验现象记录

实验内容	颜色	解释
0.5 mL H_2O +0.5 mL CCl_4 +0.5 mL 0.1 mol•L^{-1} $Fe_2(SO_4)_3$+0.5 mL 0.1 mol•L^{-1} KI		

② 往盛有 CCl_4、1 mol•L^{-1} $FeSO_4$ 和 0.1 mol•L^{-1} $Fe_2(SO_4)_3$ 各 0.5 mL 的试管中，加入 0.5 mL 0.1 mol•L^{-1} KI 溶液，振荡后观察 CCl_4 层的颜色记录入表 6-10。与上一实验中 CCl_4 层颜色有何区别？

表 6-10　②实验现象记录

实验内容	颜色	解释
0.5 mL CCl_4 +0.5 mL 1 mol•L^{-1} $FeSO_4$ +0.5 mL 0.1 mol•L^{-1} $Fe_2(SO_4)_3$+0.5 mL 0.1 mol•L^{-1} KI		

③ 在实验 3（2）①的试管中，加入少许 NH_4F 固体，振荡，观察 CCl_4 层颜色的变化，记录入表 6-11。

表 6-11　③实验现象记录

实验内容	颜色	解释
0.5 mL H_2O +0.5 mL CCl_4 +0.5 mL 0.1 mol•L^{-1} $Fe_2(SO_4)_3$+0.5 mL 0.1 mol•L^{-1} KI+少许 NH_4F 固体		

说明浓度对氧化还原反应的影响（表 6-12）。

表 6-12　浓度对氧化还原反应的影响

实验内容	描述
浓度对氧化还原反应的影响	

4. 酸度对氧化还原反应速率的影响

在两支各盛0.5 mL 0.1 mol·L^{-1} KBr溶液的试管中，分别加入0.5 mL 1 mol·L^{-1} H_2SO_4 和6 mol·L^{-1} HAc溶液，然后各加入2滴0.01 mol·L^{-1} $KMnO_4$ 溶液，观察2支试管中紫红色褪去的速率。分别写出有关反应方程式，记录入表6-13。

表6-13 实验现象记录

实验内容	紫红色褪去速率	反应式
0.5 mL 0.1 mol·L^{-1} KBr＋0.5 mL 1 mol·L^{-1} H_2SO_4＋2滴0.01 mol·L^{-1} $KMnO_4$		
0.5 mL 0.1 mol·L^{-1} KBr＋6 mol·L^{-1} HAc＋2滴0.01 mol·L^{-1} $KMnO_4$		

5. 氧化数居中的物质的氧化还原性

(1) 在试管中加入0.5 mL 0.1 mol·L^{-1}KI和2～3滴1 mol·L^{-1} H_2SO_4，再加入1～2滴3% H_2O_2，观察试管中溶液颜色的变化，记录入表6-14。

表6-14 (1) 实验现象记录

实验内容	现象	解释
0.5 mL 0.1 mol·L^{-1} KI＋2～3滴1 mol·L^{-1} H_2SO_4＋1～2滴3% H_2O_2		

(2) 在试管中加入2滴0.01 mol·L^{-1} $KMnO_4$ 溶液，再加入3滴1 mol·L^{-1} H_2SO_4 溶液，摇匀后滴加2滴3% H_2O_2，观察溶液颜色的变化，记录入表6-15。

表6-15 (2) 实验现象记录

实验内容	现象	解释
2滴0.01 mol·L^{-1} $KMnO_4$＋3滴1 mol·L^{-1} H_2SO_4＋2滴3% H_2O_2		

【数据处理】

本实验数据处理请参考前面实验内容中的表格。

【注意事项】

1. 在 Fe^{3+} 与 I^- 反应生成 I_2 后加入 CCl_4 的实验中，为使 I_2 由水溶液尽快地转移至 CCl_4 中，应充分振荡。

2. 上述实验中，CCl_4 的量不能少加，否则上层水溶液中 I_2 产生的棕黄色映入下层 CCl_4 后溶液呈红色或桃红色，而非 I_2 在 CCl_4 中应显出的紫红色。

3. 在进行原电池电动势的测定前，应将电极锌片、铜片用砂纸擦干净，以免增大电阻。由于是多组同学共用一支盐桥，故应固定盐桥两端，使一端始终插入

$CuSO_4$ 溶液中（第二次及以后使用时该端琼脂呈 $CuSO_4$ 的蓝色），另一端插入 $ZnSO_4$ 溶液中（该端琼脂仍呈琼脂的乳白色）。在测定浓差电池电动势时，两极俱应使用铜电极，并另用一支新的盐桥进行实验。

4. 在进行 MnO_4^- 与 SO_3^{2-} 的反应时，在中性（或弱酸、弱碱性）溶液中，应仔细观察反应后液体的情况，最好用白纸衬底，因 MnO_4 紫红色褪去后刚生成的棕黄色的 MnO_2 沉淀，既少又小并悬浮在液体中，不仔细观察则会错认为无沉淀生成。也可在反应试管静置一段时间后观察试管底部沉降的沉淀。在强碱溶液中，反应生成绿色的 MnO_4^{2-} 溶液。

【思考题】

1. 盐桥有什么作用？应选择什么样的电解质作盐桥？
2. 如果电极的极性接反了，会有什么结果？
3. 若要增大铜锌原电池的电动势，可采取什么措施？

【自测题】

参考答案

1. 本实验中，CCl_4 的量不能少加。（　　）

A. 正确　　　　　B. 错误

2. 在进行原电池的电动势测定时，电极锌片和铜片可以直接使用，不需要经过处理。（　　）

A. 正确　　　　　B. 错误

实验七 硫酸亚铁铵的制备

【实验目的】

1. 了解复盐的一般特征和制备方法。
2. 练习水浴加热，常压过滤和减压过滤、蒸发、结晶等基本操作。
3. 学习用目测比色检验产品质量。

【实验原理】

硫酸亚铁铵 $(NH_4)_2Fe(SO_4)_2 \cdot 6H_2O$ 又称莫尔盐，为浅蓝绿色单斜晶体。它在空气中比一般亚铁盐稳定，不易被氧化，溶于水但不溶于乙醇，而且价格低，制造工艺简单、容易得到较纯净的晶体，因此应用广泛。在化学上作还原剂，工业上常用作废水处理的混凝剂，在农业上既是农药又是肥料，在定量分析中常用作氧化还原滴定的基准物质。

像所有复盐一样，硫酸亚铁铵在水中的溶解度比组成它的任何一个组分 $FeSO_4$ 或$(NH_4)_2SO_4$ 的溶解度都要小，如表 7-1 所示。因此从 $FeSO_4$ 和$(NH_4)_2SO_4$ 溶于水所制得的浓的混合溶液中很容易得到结晶的莫尔盐。

表 7-1 铵盐在水中的溶解度（以 g/100 g 水计）

温度 T/K	273	283	293	303	313	323	333
$FeSO_4 \cdot 7H_2O$	15.6	20.5	26.5	32.9	40.2	48.6	—
$(NH_4)_2SO_4$	70.6	73.0	75.4	78.0	81.6	—	88.0
$(NH_4)_2Fe(SO_4)_2 \cdot 6H_2O$	12.5	17.2	—	—	33.0	40.0	

本实验采用过量铁与稀硫酸作用生成硫酸亚铁：

$$Fe + H_2SO_4 = FeSO_4 + H_2 \uparrow$$

往硫酸亚铁溶液中加入硫酸铵并使其全部溶解，加热浓缩制得的混合溶液，再冷却即可得到溶解度较小的硫酸亚铁铵盐晶体：

$$FeSO_4 + (NH_4)_2SO_4 + 6H_2O = (NH_4)_2Fe(SO_4)_2 \cdot 6H_2O$$

为防止 Fe^{2+} 的水解，在制备$(NH_4)_2Fe(SO_4)_2 \cdot 6H_2O$ 过程中，溶液应保持足够的酸度。

用目测比色法可估计产品中所含杂质 Fe^{3+} 的量。由于 Fe^{3+} 能与 SCN^- 生成红色物质 $[Fe(SCN)]^{2+}$，当红色较深时，表明产品中含 Fe^{3+} 多；当红色较浅时，表明产品中含 Fe^{3+} 较少。所以，只要将所制备的硫酸亚铁铵晶体与 KSCN 溶液在比色管中配制成待测溶液，将它所呈现的红色与含一定 Fe^{3+} 量所配制成的标准 $[Fe(SCN)]^{2+}$ 溶液的红色进行比较，根据红色深浅程度相仿的情况，即可知待测

溶液中杂质 Fe^{3+} 的含量，从而可确定产品的等级。

【仪器与试剂】

仪器：台式天平，锥形瓶（150 mL），烧杯，量筒（10 mL、50 mL），漏斗，漏斗架，蒸发皿，布氏漏斗，吸滤瓶，酒精灯，表面皿，水浴（可用大烧杯代替），比色管（25 mL）。

试剂：2 $mol \cdot L^{-1}$ HCl，3 $mol \cdot L^{-1}$ H_2SO_4，0.0100 $mg \cdot mL^{-1}$ Fe^{3+} 标准溶液[称取 0.0864 g 分析纯硫酸高铁铵 $NH_4Fe(SO_4)_2 \cdot 12H_2O$ 溶于 3 mL 2 $mol \cdot L^{-1}$ HCl 中，并全部转移至 1000 mL 容量瓶中，用去离子水稀释至刻度，摇匀]，1 $mol \cdot L^{-1}$ KSCN，$(NH_4)_2SO_4$ (s)，Na_2CO_3，铁屑，乙醇（95%），pH 试纸。

【实验内容】

硫酸亚铁铵的制备

1. 铁屑的净化（除去油污）

用台秤称取 2.0 g 铁屑，放入小烧杯中，加入 10 mL 10%（质量分数）Na_2CO_3 溶液。缓缓加热约 10 min 后（不能煮干），倾去 Na_2CO_3 碱性溶液，用自来水冲洗后，再用去离子水将铁屑冲洗干净（如果用纯净的铁屑，可省去这一步）。

2. 硫酸亚铁的制备

往盛有 2.0 g 干净铁屑的小烧杯中加入 15 mL 3 $mol \cdot L^{-1}$ H_2SO_4 溶液，盖上表面皿，放在低温电炉中加热（在通风橱中进行）。在加热过程中应不时加入少量去离子水，以补充被蒸发的水分，保持原有体积，防止 $FeSO_4$ 结晶；同时要控制溶液的 pH 不大于 1（为什么？如何测量和控制？），使铁屑与稀硫酸反应至不再冒出气泡为止。趁热过滤，将留在小烧杯中及滤纸上的残渣取出，用滤纸片吸干后称量。根据已作用的铁屑质量，算出溶液中 $FeSO_4$ 的理论产量。

3. 硫酸亚铁铵的制备

根据 $FeSO_4$ 的理论产量，计算并称取所需固体 $(NH_4)_2SO_4$ 的用量。在室温下将称出的 $(NH_4)_2SO_4$ 加入上面所制得的 $FeSO_4$ 溶液中，在水浴上加热搅拌，使 $(NH_4)_2SO_4$ 全部溶解，调节 pH 至 1～2，继续蒸发浓缩至溶液表面刚出现晶膜时为止。自水浴锅上取下蒸发皿，放置，冷却后即有硫酸亚铁铵晶体析出。待冷至室温后用布氏漏斗减压过滤，用少量乙醇洗去晶体表面所附着的水分。将晶体取出，置于两张干净的滤纸之间，并轻压以吸干母液，称量。计算理论产量和产率。

*4. 产品检验

(1) 选用实验方法证明产品中含有 NH_4^+、Fe^{3+} 和 SO_4^{2-}。

(2) Fe^{3+} 的分析：称取 1.0 g 产品置于 25 mL 比色管中，加入 15 mL 不含氧的去离子水溶解（怎么处理？），加入 2 mL 2 $mol \cdot L^{-1}$ HCl 和 1 mL 1 $mol \cdot L^{-1}$ KSCN 溶液，摇匀后继续加去离子水稀释至刻度，充分摇匀。将所呈现的红色与下列标准溶液进行目视比色，确定 Fe^{3+} 含量及产品标准。

在三支 25 mL 比色管中分别加入 2 mL 2 mol·L^{-1} HCl 和 1 mL 1 mol·L^{-1} KSCN 溶液，再用移液管分别加入 5 mL、10 mL、20 mL 0.0100 mol·L^{-1} Fe^{3+} 标准溶液，加不含氧的去离子水稀释至刻度并摇匀。上述三支比色管中溶液 Fe^{3+} 含量所对应的硫酸亚铁铵试剂规格分别为：含 Fe^{3+} 0.05 mg 的符合一级品标准；含 Fe^{3+} 0.10 mg 的符合二级品标准；含 Fe^{3+} 0.20 mg 的符合三级品标准。

【数据处理】

请参考实验内容自行绘制表格进行原始记录。计算 $FeSO_4$ 的理论产量和产率，并计算 $(NH_4)_2SO_4$ 的理论产量和产率。

【注意事项】

1. 在量取硫酸时要注意安全，不要将硫酸洒到台面上。
2. 结晶操作时注意控制好水浴温度，并防止水浴中的水进入蒸发皿中。

【思考题】

1. 为什么制备硫酸亚铁铵时要保持溶液有较强的酸性？
2. 减压过滤的操作步骤有哪些？
3. 如何计算 $FeSO_4$ 理论产量和反应所需 $(NH_4)_2SO_4$ 的质量？
4. 检验产品中 Fe^{3+} 含量时，为什么要用不含氧的去离子水？如何制备不含氧的去离子水？

【自测题】

参考答案

1. 为缩短结晶时间，在制备 $FeSO_4$ 的步骤中可尽量降低溶液的总体积。(　　)

A. 正确　　B. 错误

2. 增加 $(NH_4)_2SO_4$ 的用量就可以提高硫酸亚铁铵的产率。(　　)

A. 正确　　B. 错误

实验八 油田污水中含油量的测定（重量法）

【实验目的】

1. 掌握污水中油类的萃取方法。
2. 理解重量法测定污水中含油量的方法。
3. 学习旋转蒸发仪的使用方法。

【实验原理】

油田污水是在石油、天然气勘探以及开发过程中伴随产生的，其中含有较多的油类，直接排放会造成油类漂浮在水面，使得空气隔绝，降低水中的溶解氧，使水中生物缺氧死亡，同时水中的有机污染物还会对水体和土壤造成污染，使水质恶化。因此根据《中华人民共和国环境保护法》和《中华人民共和国水污染防治法》，为保护环境和保障人体健康，对水中石油类和动植物油类含量进行测定具有重要意义。按国家标准，当污水取样体积为 1000 mL 时，油类和石油类检出限为 3 $mg \cdot L^{-1}$。

将油田污水样品进行酸化处理，然后使用正己烷、丙酮等作为萃取剂，将水样中的油萃取出来。随后，通过蒸发的方式去除萃取剂，并称量剩余残渣的质量，以此计算水样中的矿物油含量。

【仪器与试剂】

仪器：旋转蒸发仪，鼓风干燥箱，分液漏斗（2000 mL，配聚四氟乙烯旋塞），烧杯，具塞磨口锥形瓶（150 mL），量筒（2000 mL），平底浓缩瓶（150 mL），玻璃漏斗，硅酸镁吸附柱（将内径 10 mm、长约 200 mm 的玻璃色谱柱出口处填塞少量玻璃棉，再将硅酸镁缓缓倒入玻璃色谱柱中，边倒边轻轻敲打，填充高度约为 80 mm）。

试剂：含油污水，正己烷（C_6H_{14}），无水硫酸钠（于 550 ℃下灼烧 4 h，冷却后装入磨口玻璃瓶中，置于干燥器内贮存），硅酸镁（$MgSiO_3$，60～100 目，于 550 ℃下灼烧 4 h，冷却后，称取适量硅酸镁于磨口玻璃瓶中，根据硅酸镁的质量，按 6%质量分数的比例加入适量蒸馏水，密塞并充分振荡数分钟，放置 12 h，备用），玻璃棉（用正己烷浸洗并晾干，置于干燥玻璃瓶中，备用）。

试剂均为符合国家标准的分析纯试剂，实验用水为蒸馏水或去离子水。

【实验内容】

1. 试样的制备

（1）油类试样的制备

将样品全部转移至 2000 mL 分液漏斗中，量取 50 mL 正己烷分 2～3 次洗涤样品瓶，并全部转移至分液漏斗中。充分振摇 2 min，其间经常开启旋塞排气，静置。分层后，将下层水相转移至 2000 mL 量筒中，测量样品体积并记录。

将上层萃取液转移至已加入 10 g 无水硫酸钠的锥形瓶中，盖紧瓶塞，振摇数次，静置。若无水硫酸钠全部结块，需补加无水硫酸钠直至不再结块（若样品乳化严重，可将萃取液转移至玻璃离心管中，以转速 2000 $r \cdot min^{-1}$ 离心 3 min）。

用底部垫有少量玻璃棉的玻璃漏斗将经无水硫酸钠脱水的萃取液过滤至预先于 105 ℃烘干的平底浓缩瓶中，用少量正己烷洗涤锥形瓶和玻璃漏斗，合并洗涤液于平底浓缩瓶中。

（2）空白试样的制备

以实验用水代替样品，按照上述油类试样的制备相同的步骤进行空白试样的制备。

2. 试样的测定

（1）将装有试样的平底浓缩瓶置于旋转蒸发仪上，在水浴温度 25 ℃、真空度约 85 kPa 下，蒸除正己烷。当正己烷剩余约 1 mL 时，停止旋蒸，取出平底浓缩瓶，擦干外壁水分，放入鼓风干燥箱内。在 71 ℃±2 ℃下烘干 1 h 后置于干燥器内，冷却 30 min，称重。

（2）按照试样的测定相同的步骤进行空白试样的测定。

【数据处理】

样品中油类的质量浓度 c（$mg \cdot L^{-1}$）按照公式（8-1）计算：

$$c=\frac{(m_1-m_0)\times 10^6}{V} \tag{8-1}$$

式中 c——样品中油类的质量浓度，$mg \cdot L^{-1}$；

m_1——平底浓缩瓶和油类的质量，g；

m_0——平底浓缩瓶的质量，g；

V——水样体积，mL。

【注意事项】

1. 实验中所使用的正己烷具有一定毒性，应在通风橱中进行操作，同时按规定佩戴防护器具，避免接触皮肤和衣物。

2. 在使用旋转蒸发仪前，要仔细检查旋蒸仪的各个部件，确保玻璃瓶没有裂纹，各接口紧密连接，以防止在实验过程中发生泄漏。

3. 旋转蒸发仪的各磨口、密封面和接头在安装前应涂上真空脂，以确保密封性。

【思考题】

1. 按重量法测定含油污水的含量时，产生实验误差的可能原因是什么？如何避免实验误差？

2. 为什么在实验过程中需要使用正己烷作为萃取剂？

3. 除了重量法，还有哪些常用的方法可以分析油田污水中的矿物油含量？并简要比较它们的优缺点以及适用范围。

【自测题】

参考答案

1. 在重量法分析油田污水的实验中，使用正己烷作为萃取剂的主要目的是什么？（　　）

A. 去除水样中的无机盐

B. 萃取水样中的矿物油

C. 调整水样的 pH 值

D. 分解水样中的有机物

2. 重量分析法是通过什么方式来测定油田污水中矿物油含量的？（　　）

A. 直接测量水样的质量

B. 通过测量萃取后残渣的质量

C. 通过化学反应生成沉淀物的质量

D. 使用光谱仪器分析水样成分

3. 在使用旋蒸仪去除石油醚的过程中，以下哪项操作是不正确的？（　　）

A. 将水样和石油醚的混合物倒入旋蒸烧瓶中

B. 将旋蒸烧瓶置于加热浴中，并调整至适当温度

C. 在旋蒸过程中，不断向旋蒸烧瓶中加入新的正己烷以保持萃取效果

D. 使用冷凝器收集并回收挥发的石油醚

实验九 铬天青 S 分光光度法测砂石表面的铝离子含量

【实验目的】

1. 了解砂石中三价铝离子含量的分析测试方法。
2. 了解化学知识在土木工程领域的用途。

【实验原理】

基建行业需要大量砂石拌合进入混凝土。中国建筑行业目前使用的一半以上的砂子来自人造砂，这为全球砂子资源危机提供了解决途径，值得其他国家加以借鉴。人工制砂就是破碎山石和从河道挖取的卵石，使其成为适合建筑使用的砂子。砂子需要有大小不同粒径的颗粒配伍。为了解决人工砂含粉量这一问题，人们学着河流制砂的原理，制造出了湿法洗砂机，通过洗砂机的洗选除掉砂子里面的泥粉，从而让人工砂达到建筑用砂的标准。为了加速水中颗粒的沉降，可能在水中加入聚合氯化铝等一些净水剂和混凝剂，铝离子因此残留在砂石上。

混凝土工业中常用可溶铝离子作速凝剂来调节混凝土的凝固时间。残留有铝的砂石搅拌为混凝土后，铝离子的速凝作用显现，可能导致预拌混凝土还没有倒入施工模具就已经发生凝固，损害工程质量，甚至因混凝土过早失去流动性而直接变成建渣。所以在购买砂石时，测试人工砂中的铝含量非常重要。

因为聚合氯化铝溶于水，所以可用水反复振荡清洗砂石样品，使铝离子进入水溶液。分析溶液中铝离子含量，可求得砂中的铝含量。因为在乙酸-乙酸钠缓冲介质中（pH 约为 5.5），三价铝与铬天青 S 及十六烷基三甲基溴化铵（CTMAB）反应形成蓝色三元络合物，这种三元络合物比普通铬天青-铝二元络合物增色、增敏、增稳，更适合用分光光度法与标准溶液比较，进行定量分析。实验表明 25 ℃时蓝色三元络合物在 10～30 min 稳定，最大吸收波长 630 nm，在 0.5～9 μg/25 mL 之间的线性关系良好。

来自水中或者来自砂石表面的铁离子（主要是 Fe^{3+}），会与铬天青 S-CTMAB 形成蓝色络合物，从而形成对实验的干扰，所以本实验采取加入抗坏血酸溶液来消除铁离子的干扰。抗坏血酸又名维生素 C，可使 Fe^{3+} 还原成 Fe^{2+}，还会与铁络合反应成抗坏血酸亚铁，从而屏蔽 Fe^{3+} 对实验的影响。

【仪器与试剂】

乙酸-乙酸钠缓冲溶液：pH 为 5.5±0.1，称取 17.0 g 乙酸钠（$CH_3COONa \cdot 3H_2O$）溶于 200 mL 水中，加入 1.0 mL 冰醋酸，用水稀释至 250 mL。

铬天青 S 溶液（0.5 $g \cdot L^{-1}$）：称取 0.100 g 铬天青 S 溶于 100 mL 无水乙醇中，

用水稀释至 200 mL。

十六烷基三甲基溴化铵（CTMAB）溶液（0.5 $g \cdot L^{-1}$）：称取 0.0500 g CTMAB，用水溶解，移入 100 mL 容量瓶中，稀释至刻度，摇匀。必要时加热助溶。

抗坏血酸溶液（10 $g \cdot L^{-1}$）：称取 1.0 g 抗坏血酸，用水溶解，稀释至 100 mL（不可久置，一周内使用）。

铝标准贮备溶液：称量 8.797 g 硫酸铝钾［$AlK(SO_4)_2 \cdot 12H_2O$］溶于水，加 1＋3 硫酸溶液 50 mL，全部转移至 500 mL 容量瓶中，稀释至刻度，摇匀。1 mL 溶液含铝 1 mg。

铝标准溶液：吸取 1.0 mL 铝标准贮备液，置于 100 mL 容量瓶中，用蒸馏水稀释至刻度，再从中吸取 10 mL 于 100 mL 容量瓶中，用蒸馏水稀释至刻度，该溶液相当于 1 $\mu g \cdot mL^{-1}$ 铝。

【实验内容】

1. 样品待测液处理

因为聚合氯化铝可溶于水，准确称取 2～3 g（精确至 0.0001 g）人工砂样品，置于比色管中，用 20 mL 去离子水，分作几次充分润洗人工砂，收集所有洗出液，转入 25 mL 容量瓶中，以水定容。

2. 显色处理

从容量瓶中准确吸取 10 mL 样品浸出液于 25 mL 容量瓶中，分别按顺序加入 8.0 mL pH＝5.5 的乙酸-乙酸钠缓冲液、1.0 mL 10.0 $g \cdot L^{-1}$ 抗坏血酸溶液混匀，加入 2.0 mL 0.5 $g \cdot L^{-1}$ CTMAB 溶液混合均匀后，再加 2.0 mL 0.5 $g \cdot L^{-1}$ 铬天青 S 溶液，混匀后，滴加蒸馏水至刻度。室温放置 20 min，用分光光度计进行比色定量测铝。

3. 空白实验

同时做空白实验，空白实验溶液除不加待测试样外，其他操作和加入的试剂的种类和量均与待测试样相同。

4. 工作曲线的绘制

移取 0 mL、1.00 mL、2.00 mL、4.00 mL、6.00 mL、8.00 mL 铝标准溶液，分别置于 50 mL 容量瓶中，分别加入 1.0 mL 抗坏血酸溶液、3.0 mL CTMAB 溶液，轻轻混匀，加入 3.0 mL 铬天青 S 溶液，轻轻混匀，加入 10.0 mL 乙酸-乙酸钠缓冲溶液，摇匀后，用水稀释至刻度。

室温下放置 20 min，以空白实验溶液为参比，用 1 cm 比色皿，于 630 nm 波长处测量其吸光度。以加入铝标准溶液的质量（mg）为横坐标，吸光度为纵坐标，绘制工作曲线。

5. 测定

以空白实验溶液为参比，用1 cm比色皿，于630 nm波长处测量其吸光度，于工作曲线上查出对应铝的质量。

6. 实验数据处理

铝含量以铝的质量分数w计，按如下公式计算：

$$w=\frac{m_1V\times10^{-3}}{mV_1}\times100\%$$

式中 m_1——从工作曲线上查出的实验溶液中铝的质量，mg；

V——配制实验溶液的总体积，mL，本实验取25 mL；

m——试料的质量，g，本实验取2～3 g；

V_1——测定时移取实验溶液的体积，mL，本实验取10 mL。

通过实践经验可得，当本实验待测液中铝离子的浓度大于0.1 $\mu g\cdot mL^{-1}$，也就是说铝的质量占到砂质量的百万分之几，即可明显目测出蓝色。如果待测液中加入CTMAB溶液和铬天青S后，显现出明显蓝色，提示用这样的人工砂拌和混凝土可能导致生产事故。

【思考题】

1. 许多实验采用硫酸、盐酸等强酸溶解样品，而本实验仅仅采用去离子水溶解，为什么不使用强酸？

2. 铬天青S显色的情况受pH值影响很多，所以为了实验现象的稳定，需要pH值在5.5左右，可以采用哪些缓冲对配制缓冲溶液？如何计算？

3. 因为三价铁和铬天青S也会显色而干扰实验，本实验采用什么方式屏蔽三价铁离子的影响？

【自测题】

参考答案

1. 空白实验溶液与测试样品的前处理溶液相比较，少加了（　　）。

A. 1.0 mL 10.0 $g\cdot L^{-1}$抗坏血酸溶液

B. 10 mL样品浸出液

C. 8 mL缓冲溶液

D. 2.0 mL 0.5 $g\cdot L^{-1}$铬天青S溶液

2. 因为三价铁和铬天青S也会显色而干扰实验，本实验采用什么方式屏蔽三价铁离子的影响。（　　）

A. 加入磷酸盐配位三价

B. 加入十六烷基三甲基溴化铵（CTMAB）稳定剂

C. 加入抗坏血酸还原三价铁

D. 加入缓冲溶液沉淀三价铁

实验十　基于黏土无机矿物材料的全固态超级电容器的制备

【实验目的】

1. 了解超级电容器的工作原理及全固态超级电容器的组装方法。
2. 掌握涂膜法制备电极的方法。
3. 掌握循环伏安法、恒电流充放电及电化学阻抗等电化学测试方法。

【实验原理】

随着社会的发展和科技的进步，人类生产生活对于能源存储的需求日益增长，特别是在便携式电子设备、可穿戴医疗设备、电动汽车等领域，因此，对于高性能储能设备的需求和要求在不断上升。与传统的商业化锂离子电池相比，超级电容器这类储能器件具有功率密度高、充放电速率快、安全性好、制备简单、成本低且环境友好等优点。使用固态电解质，构筑全固态超级电容器后，消除了液态电解质泄漏的安全风险，进一步提高了使用过程的安全性和稳定性。此外，固态超级电容器的发展使其在柔性、可穿戴电子设备领域中具有新的应用场景，能够适应复杂的形变甚至宽温域的使用场景，在未来的储能器件中，具有极大的应用潜力和研究价值。

超级电容器主要利用双电层电容（EDLC）或赝电容机理储存电荷。双电层电容通过物理吸附在电极/电解液界面形成双电层进行电荷储存［图 10-1(a)］，因此电极材料的比表面积对电极的储能性能具有较大影响。赝电容则通过电极表面发生

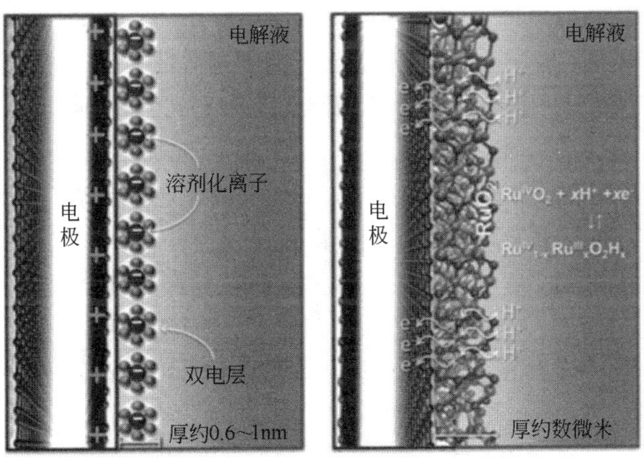

(a) 双电层　　(b) 赝电容

图 10-1　超级电容器的双电层（a）和赝电容（b）的储能机理示意

的氧化还原反应储存电荷［图 10-1（b)］。超级电容器的电极通常由集流体（通常为具有良好导电性的金属材料）和活性电极材料共同构成，其中，活性材料通常通过涂膜法涂覆在集流体表面。常见的基于双电层电容储能机理的电极材料包括石墨烯、碳纳米管、活性炭、无机矿物材料等，常见的基于赝电容储能机理的电极材料包括金属氧化物（如 MnO_2、Co_3O_4 等）导电聚合物（如聚苯胺、聚吡咯等）等。

黏土矿物材料是一类天然无机材料，包括蒙脱土、埃洛石、高岭土、凹凸棒石等。该类材料具有独特的层状结构、较大的比表面积，是超级电容器优异电极材料之一。其层状结构有利于离子快速迁移和嵌入，而较大的比表面积则有利于双电层电容储能，最终表现出良好的电化学性能。基于此，本实验选用蒙脱土为电极材料，其化学通式为 $(Na,Ca)_{0.33}(Al,Mg)_2(Si_4O_{10})(OH)_2 \cdot nH_2O$，属于层状硅酸盐矿物，由两层硅氧四面体中间夹一层铝氧八面体构成（图 10-2)，层间含有可交换的阳离子和水分子，可以通过层间嵌入离子进行储能。然而，这类矿物材料通常电导率较低，导致其比电容不高，倍率性能差。因此，在用作超级电容器的电极时，通常需要和高性能赝电容材料复合使用，例如聚吡咯、聚苯胺等。

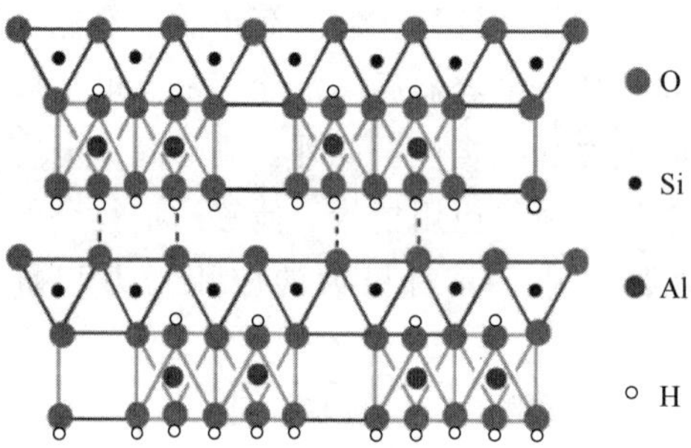

图 10-2 蒙脱土结构示意

本实验按照一定比例，将蒙脱土与聚苯胺混合后作为活性材料，再与导电材料、胶黏剂混合后，采用成熟的涂膜法，涂覆在铜箔集流体表面，制备超级电容器的电极（二元复合电极)。以此二元复合电极为工作电极，以同样结构的电极为对电极及参比电极，采用常见的聚乙烯醇（PVA）凝胶为固态电解质，构筑全固态超级电容器，并通过电化学工作站测试其储能性能。最后，通过改变蒙脱土与聚苯胺的混合比例，以及导电剂与胶黏剂的比例、电解质的种类，进一步探究活性物质比例、负载量及电解质种类对超级电容器储能性能的影响。超级电容器的性能主要通过电化学工作站进行测试，测试方法主要为循环伏安法（CV）和恒电流充放电法（GCD)。根据 CV 曲线的形状，可以判断在充放电过程中，是否发生氧化还原反应，进而确定其储能机理。再根据 GCD 曲线计算其比电容，计算公式为：

$$C(\mathrm{F \cdot g^{-1}}) = \frac{I(\mathrm{A}) \cdot t(\mathrm{s})}{U(\mathrm{V}) \cdot m(\mathrm{g})}$$

式中，C 为质量比电容；I 为恒电流充放电电流；t 为放电时间；U 为超级电容器电压窗口；m 为电极表面活性物质负载质量。

此外，还可根据超级电容器的比电容，计算其能量密度和功率密度，计算公式为：

$$E(\mathrm{W \cdot h \cdot g^{-1}}) = 0.5\, C(\mathrm{F \cdot g^{-1}}) \cdot U^2(\mathrm{V^2})$$

式中，E 为能量密度；C 为质量比电容；U 为超级电容器的电压窗口。

$$P(\mathrm{W \cdot g^{-1}})=\frac{E(\mathrm{W \cdot h \cdot g^{-1}})}{t(\mathrm{h})}$$

式中，P 为功率密度；E 为能量密度；t 为放电时间。

【仪器与试剂】

仪器：CHI-760 电化学工作站，烧杯，烘箱，真空干燥箱，涂膜器，天平。

试剂：蒙脱土，聚苯胺，乙炔黑，聚四氟乙烯，铜箔，稀硫酸溶液（1 $\mathrm{mol \cdot L^{-1}}$），氢氧化钠溶液（1 $\mathrm{mol \cdot L^{-1}}$），磷酸，$N$-甲基-2-吡咯烷酮。

【实验内容】

1. 电极制备

（1）首先在研钵中将蒙脱土和聚苯胺混合均匀（其中聚苯胺的比例分别为 0%、20%、50%），作为活性材料，并准确称取 0.2 g，再按照 8∶1∶1 的质量比，混合活性材料、乙炔黑和聚四氟乙烯，并用研钵研磨，混合均匀，并用少量 N-甲基-2-吡咯烷酮润湿，得到浆料。

（2）用乙醇清洗干净铜箔集流体（1 cm×2 cm），干燥后准确称量质量 m_1，利用 100 μm 规格的涂膜器，在两片干燥的铜箔集流体表面均匀涂覆浆料，之后在真空干燥箱中，80 ℃下真空干燥 12 h，得到二元复合电极。干燥后，重新准确称量电极的质量 m_2，活性材料的负载量 $m=m_2-m_1$。

（3）再通过改变乙炔黑、聚四氟乙烯的质量，使活性材料、乙炔黑和聚四氟乙烯的质量比分别为 5∶1∶1 和 12∶1∶1，加入相同体积的 N-甲基-2-吡咯烷酮，分别润湿成浆料，并按照相同方法制备成电极。

2. PVA 电解质的制备

（1）称取 1 g PVA 固体，加入 10 mL 去离子水，在 90 ℃油浴中搅拌加热 12 h，待全部溶解后，滴加 1 mol 磷酸，继续搅拌均匀，冷却后，得到 PVA 凝胶电解质。

（2）通过将磷酸替换为稀硫酸或氢氧化钠溶液，探究电解质酸碱性对超级电容器储能性能的影响。

3. 超级电容器性能测试

（1）两片二元复合电极分别作为工作电极和对/参比电极，利用导电银胶在其端部分别固定铜线。再在其表面均匀涂覆一层 PVA 凝胶电解质，利用真空干燥箱真空低温干燥，再在其中一片电极上均匀涂覆一层较薄的 PVA 凝胶电解质，将两片电极相对重叠（有电解质的一面结合在一起），得到超级电容器。

（2）等待几分钟后，将两片电极上固定的铜线固定在电化学工作站的夹具上，进行 CV 测试，设置扫描电压范围为 0～0.8 V，扫描速度为 100 $\mathrm{mV \cdot s^{-1}}$。

（3）再进行 GCD 测试，设置电压窗口为 0.8 V，设置充电电流为 2 mA。

（4）通过计算对比比电容数据，确定蒙脱土与聚苯胺的最优混合比例。

（5）通过改变 PVA 凝胶电解质的 pH，探究电解液 pH 对超级电容器储能性能的影响。

【数据处理】

1. 做出基于不同电极构筑的全固态超级电容器的 CV 曲线和 GCD 曲线，并计算其质量比电容、能量密度和功率密度。

2. 做出全固态超级电容器的质量比电容随固态电解质 pH 的变化曲线，并分析变化原因。

【注意事项】

1. 涂膜法制备电极时，要注意浆料制备的流动性，否则较难成膜。

2. PVA 凝胶电解质一定要完全溶解，而非溶胀。

【思考题】

1. 超级电容器性能与电极的哪些因素有关？

2. 为什么超级电容器的电压窗口设置为 0.8 V？

【自测题】

参考答案

1（多选）超级电容器储能机理包括（　　）。

A. 双电层电容储能　　B. 赝电容储能　　C. 离子嵌入储能

2. 制备超级电容器时，先涂覆电解质，再固定铜线作为导线也可以。（　　）

A. 正确　　B. 错误

实验十一　稀溶液黏度法测定聚丙烯酰胺的特性黏数和分子量

【实验目的】

1. 了解乌氏黏度计测定液体黏度的基本原理，掌握乌氏黏度计的使用方法。
2. 理解黏度法测定聚合物特性黏数及分子量的基本原理。
3. 掌握使用乌氏黏度计测定聚丙烯酰胺特性黏数，并计算其分子量。

【实验原理】

聚合物又称高分子材料或高聚物材料，是具有多个重复结构单元的大分子物质，其分子量可高达 10^4～10^6。聚合物来源广泛，种类繁多，可以是天然聚合物，如天然橡胶、棉、毛、麻、蛋白质等；也可以人工合成聚合物，如合成橡胶、聚酰胺、聚酯、聚合物涂料等。聚合物具有密度小（仅为钢铁的 1/8～1/7）、比强度大、电绝缘性、耐腐蚀性好、易加工的特点，可满足多种特殊用途的需要，广泛应用于塑料、纤维、橡胶、涂料、胶黏剂等领域，可部分取代金属、非金属材料。全球聚合物市场规模已超过 2 万亿美元，我国是全球最大的塑料生产和消费国，在全球聚合物产业中占有重要地位。中国聚合物领域近年来在聚合物相关基础研究的深化、新材料的开发、医用高分子材料的应用、环境友好型材料的推广、产业化进程的推进等诸多方面取得了显著的进展，中国的聚合物研究和产业正朝着更加多样化和高端化的方向不断发展。

分子量是决定聚合物性能的关键因素，测定聚合物分子量的方法有多种，各种方法都有其优点和适用范围。采用稀溶液黏度法测定聚合物的分子量，所用仪器设备简单，操作便利，又有相当好的实验精确度和重现性，广泛应用于油田化学、环境监测、高分子合成与表征等领域聚合物分子量的快速测定。

稀溶液黏度法测定聚合物分子量一般采用毛细管黏度计测定，最常用的毛细管黏度计是乌氏黏度计。在自身重力作用下，液体在毛细管黏度计中流动时，液体的势能一部分用来克服内摩擦所导致的流动黏滞阻力，一部分转化成液体的动能。若只考虑液体内摩擦所导致的能量损耗，可由伯努利（Poiseuille）方程计算液体的黏度：

$$\eta=\frac{\pi hgR^4\rho}{8lV}\cdot t \tag{11-1}$$

式中，η 为液体的黏度；h 为毛细管液柱的平均高度；g 为重力加速度；R 为黏度计毛细管的直径；ρ 为所测液体的密度；l 为毛细管的长度；V 为在流出时间 t 内流出的液体体积。

在其他测试条件相同的情况下，密度为 ρ_0 的纯溶剂和密度为 ρ 的聚合物稀溶液的流出时间分别为 t_0 和 t，黏度分别为 η_0 和 η。若聚合物稀溶液与溶剂的密度相差很小，即 $\rho \approx \rho_0$ 时，则由式（11-1）可得：

$$\eta_r = \frac{\eta}{\eta_0} \approx \frac{t}{t_0} \tag{11-2}$$

$$\eta_{sp} = \frac{\eta}{\eta_0} - 1 \approx \frac{t - t_0}{t_0} \tag{11-3}$$

式中，η_r 称为相对黏度；η_{sp} 称为增比黏度。

溶液的黏度与溶液的浓度有关，为消除黏度对浓度的依赖性，定义特性黏数［η］为：

$$[\eta] = \lim_{c \to 0} \frac{\ln \eta_r}{c} = \lim_{c \to 0} \frac{\ln \eta_{sp}}{c} \tag{11-4}$$

由式（11-4）可知，［η］与溶液的浓度 c 无关。对于聚合物稀溶液，聚合物的特性黏数取决于聚合物的分子量和分子结构、溶剂的性质和测试温度。对于分子结构相同的聚合物，在溶剂和测试温度相同时，聚合物的特性黏数就仅与其分子量相关。依此原理，通过浓度外推法或称为稀释法就可以测定聚合物的特性黏数。

当溶剂和测试温度一定时，分子结构相同的聚合物，其分子量与特性黏数之间的关系可由 MH 方程确定：

$$[\eta] = K \overline{M}_\eta^\alpha \tag{11-5}$$

式中，$\overline{M}_\eta$ 为分子量；K 和 α 为依赖于聚合物种类的常数，不同种类的聚合物取值不同。对于非离子型聚丙烯酰胺，K 为 4.75×10^{-3}，α 为 0.80。

【仪器与试剂】

仪器：稀释型乌氏黏度计（型号：4-0.55 或 4-0.57），恒温水浴，秒表，医用乳胶管，洗耳球，止水夹，移液管（5 mL、10 mL、50 mL），容量瓶（100 mL），分析天平（精确至 0.0001 g），锥形瓶（250 mL），玻璃砂芯漏斗。

试剂：非离子型聚丙烯酰胺，去离子水，氯化钠溶液（1.00 $mol \cdot L^{-1}$、2.00 $mol \cdot L^{-1}$）。

【实验内容】

1. 安装乌氏黏度计

取一只干燥、洁净的稀释型乌氏黏度计，如图 11-1 所示。在管 3 上小心地套上医用乳胶管。将黏度计置于恒温水槽中，用铁架台固定。黏度计应保持垂直，且管 2 上的 4、6 两个小球必须浸没在恒温水浴的水面以下，水面应高过球 4 至少 2 cm。

2. 待测溶液的配制

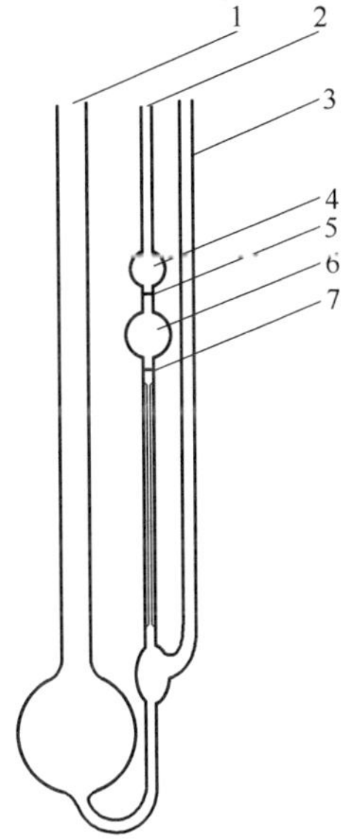

图 11-1　稀释型乌氏黏度计

1—注液管；2—测量管；
3—气悬管；4—缓冲球；
5—上刻度线；6—定量球；
7—下刻度线

（1）氯化钠溶液的准备：在恒温水浴中固定一个 250 mL 具塞锥形瓶，在其中加入经干燥的玻璃砂芯漏斗过滤的浓度为 1.00 mol·L^{-1} 的氯化钠溶液 80 mL，恒温 30 min 得待测氯化钠溶液，备用。

（2）聚丙烯酰胺溶液的配制：在 100 mL 容量瓶中准确称入 0.05 ～ 0.1 g 均匀的粉状聚丙烯酰胺，准确至 0.0001 g。加入约 48 mL 的蒸馏水，摇动容量瓶将聚丙烯酰胺溶解后，用移液管准确加入 50 mL 2.00 mol·L^{-1} 的氯化钠溶液，将容量瓶放在 30 ℃±0.05 ℃水浴中。恒温后，用去离子水稀释至刻度，摇匀，用干燥的玻璃砂芯漏斗过滤，即得聚丙烯酰胺浓度约为 0.0005～0.001 g·mL^{-1}、氯化钠浓度为 1.00 mol·L^{-1} 的聚丙烯酰胺待测溶液，放在恒温水浴中备用。

3. 溶液流出时间的测定

（1）聚丙烯酰胺溶液流出时间的测定：用移液管吸取 10 mL 步骤 2（2）所配制的聚丙烯酰胺溶液，由管 1 加入步骤 1 所述的乌氏黏度计中，加入时应使移液管口对准管 1 的中心，避免溶液挂在管壁上。待溶液自然流下后，静置 10 s，用洗耳球将最后一滴吹入黏度计。恒温 10 min。

① 用止水夹夹紧管 3 上的乳胶管，用洗耳球从管 2 顶部将溶液缓缓吸入球 6，待液面升至球 4 一半时，取下洗耳球，放开管 3 上的乳胶管，让溶液自由下落。

当液面下降至刻线 5 时，启动秒表，至刻线 7 时，停止计时，记录时间。启动和停止秒表的时刻，应是溶液弯月面的最低点与刻线相切的瞬间，观察时应平视。

按上述步骤重复测定三次，各次流经时间的差值应不超过 0.2 s。取三次测定结果的算术平均值为初始浓度（c_0）聚丙烯酰胺溶液的流出时间 t_1。

② 用移液管从锥形瓶中吸取 5 mL 已经恒温的 1.00 mol·L^{-1} 的氯化钠溶液，由管 1 加入黏度计。紧闭管 3 上的乳胶管，用洗耳球从管 2 吹气鼓泡 3～5 次，使之与原来的 10 mL 溶液混合均匀，然后将混合溶液吸入球 4 再压下，重复至少三次。此时溶液的浓度为 $2/3c_0$，按①中的方法测得溶液的流出时间 t_2。

③ 再逐次加入 5 mL、10 mL、10 mL 浓度 1.00 mol·L^{-1} 的氯化钠溶液，分别测得浓度为 $1/2c_0$、$1/3c_0$ 和 $1/4c_0$ 时溶液的流出时间 t_3、t_4、t_5。

（2）氯化钠溶液流出时间的测定：将乌氏黏度计中测试过的聚丙烯酰胺溶液倒入废液桶中。从管 1 加入 10 ～15 mL 待测氯化钠溶液，用洗耳球从管 2 将混合溶液吸入球 4 再压下，重复至少三次后倒掉氯化钠溶液。按该步骤润洗乌氏黏度计至少三次。

用止水夹夹紧管3上的乳胶管，用移液管吸取10～15 mL待测氯化钠溶液由管1注入乌氏黏度计，用洗耳球从管2顶部将氯化钠溶液缓缓吸入球6，待液面升至球4一半时，取下洗耳球，放开管3上的乳胶管，让溶液自由下落。准确记录液面由刻线5下降至刻线7的时间。重复测定三次，各次流经时间的差值应不超过0.2 s，取三次测定结果的算术平均值为氯化钠溶液流出时间t_0。

4. 结束实验

将溶剂倒入废液桶，小心拔下乳胶管，将洗耳球和止水夹放置在水槽旁边，交回秒表，关闭恒温水浴电源。将记录的原始数据交给教师签字。

【数据处理】

1. 原始实验数据记录

按式（11-6）计算聚丙烯酰胺溶液的初始浓度c_0：

$$c_0=\frac{m}{V} \tag{11-6}$$

式中，m为聚丙烯酰胺的质量，g；V为聚丙烯酰胺溶液的体积，mL。

记录各实验数据，填入表11-1。

聚丙烯酰胺样品质量：__________；聚丙烯酰胺的初始浓度c_0：__________；

实验温度：____________________；溶剂：______________________________。

表11-1 溶液流出时间记录

溶液	流出时间/s			
	第一次	第二次	第三次	平均时间
纯溶剂				
c_0				
$2/3\ c_0$				
$1/2\ c_0$				
$1/3\ c_0$				
$1/4\ c_0$				

2. 数据计算与绘图

实验测定黏度记录入表11-2。

表11-2 溶液黏度计算

c_r	$1/4\ c_0$	$1/3\ c_0$	$1/2\ c_0$	$2/3\ c_0$	c_0
η_r					
$\ln\eta_r$					
$\ln\eta_r/c_r$					
η_{sp}					
η_{sp}/c_r					

以聚丙烯酰胺溶液浓度 c_r 为横坐标，分别以 $\ln\eta_r/c_r$ 和 η_{sp}/c_r 为纵坐标，在坐标纸上作图，拟合出两条直线，分别外推至 $c_r=0$，求得截距 H，如图 11-2 所示。若图 11-2 上的两条直线不能在纵轴上交于一点时，取两截距的平均值为 H。

作图：

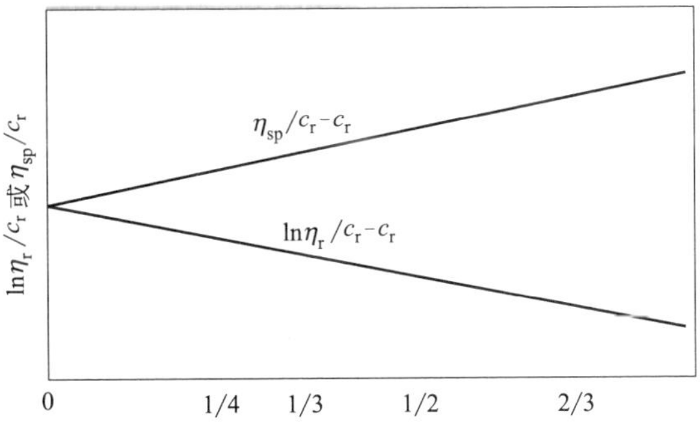

图 11-2　$\ln\eta_r/c_r$ 或 η_{sp}/c_r 与 c_r 的关系图

按式（11-7）计算特性黏数：

$$[\eta]=\frac{H}{c_0} \tag{11-7}$$

按式（11-5）计算聚丙烯酰胺的分子量。

【注意事项】

本实验需先测定聚丙烯酰胺溶液的流出时间，然后再测定纯溶剂的流出时间。因为聚丙烯酰胺会在毛细管表面发生黏附，导致聚丙烯酰胺溶液流经毛细管后，能通过溶液的毛细管实际管径变小。若先测聚丙烯酰胺溶液的流出时间，测试后毛细管实际管径变小。使得在后续测试纯溶剂流出时间时，溶液流经的毛细管实际管径与先前的测试相当，从而消除聚丙烯酰胺在毛细管上黏附对结果的影响。若是先测纯溶剂的流出时间，此时毛细管壁并未黏附聚丙烯酰胺，通过溶液的毛细管管径大于后继测定聚丙烯酰胺溶液时毛细管的实际管径，导致两种流出时间之比显著偏离相对黏度值，计算的结果不正确。若聚合物在毛细管壁黏附严重，还会导致 η_{sp}/c_r 对 c_r 作图为曲线。

【思考题】

1. 溶液的原始浓度的大小对测得的黏均分子量有何影响？

2. 为什么要将黏度计的 4、6 两个小球浸没在恒温水浴的水面以下？

3. 还有什么方法可以测得聚合物的分子量？不同测试方法所得分子量是否一致，为什么？

【自测题】

参考答案

1. 测定纯溶剂和聚丙烯酰胺溶液流出时间的先后顺序可以任意调换。(　　)

A. 正确　　　　B. 错误

2. 任何聚合物的分子量都可由相同的特性黏数与分子量关系式求得。(　　)

A. 正确　　　　B. 错误

实验十二 从茶叶中提取咖啡因

【实验目的】

1. 学习从植物中提取生物碱的原理及方法。
2. 学会使用脂肪提取器（索氏提取器）的安装及使用。
3. 练习升华法纯化咖啡因的方法。

【实验原理】

茶叶中含有多种生物碱，其中以咖啡因为主，约占 1%～5%。另外还含有 11%～12%的丹宁酸（又名鞣酸），0.6%的色素、纤维素、蛋白质等。咖啡因是弱碱性化合物，易溶于氯仿（12.5%）、水（2%）及乙醇（2%）等。在苯中的溶解度为 1%（热苯为 5%）。丹宁酸易溶于水和乙醇，但不溶于苯。咖啡因是杂环化合物嘌呤的衍生物，它的化学名称为 1,3,7-三甲基-2,6-二氧嘌呤，其结构式为：

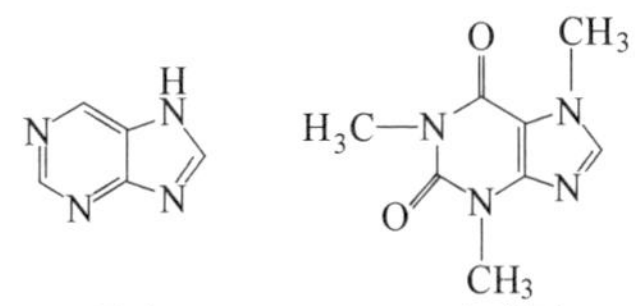

嘌呤　　咖啡因

含结晶水的咖啡因系无色针状结晶，味苦，能溶于水、乙醇、氯仿等。在 100 ℃时即失去结晶水，并开始升华，120 ℃时升华相当显著，至 178 ℃时升华很快。纯咖啡因的熔点为 234.5 ℃。

为了提取茶叶中的咖啡因，往往利用适当的溶剂（如氯仿、乙醇、苯等）在脂肪提取器中连续萃取，然后蒸出溶剂，即得粗咖啡因。粗咖啡因中还含有一些生物碱和杂质，利用升华法可进一步纯化。

工业上咖啡因主要通过人工合成制得。它具有刺激心脏、兴奋大脑神经和利尿等作用，因此可作为中枢神经兴奋药。它也是复方阿司匹林（APC）等药物的组分之一。

咖啡因可以通过测定熔点及光谱法加以鉴别。

萃取就是利用物质在两种互不相溶的溶剂中溶解度或分配比的不同来达到分离、提取或纯化目的的一种操作。根据分配定律，在一定温度下，有机物在两种溶剂中的浓度之比为一常数。

当用一定量的溶剂从水溶液中萃取有机化合物时，根据分配定律可以计算出萃取 n 次后，水中的剩余量应为确定数值，把一定量的溶剂分成几份多次萃取要比用全部量的溶剂一次萃取效果更好。

升华是纯化固体有机物的方法之一。某些物质在固态时有相当高的蒸气压，当加热时不经液态而直接气化，蒸气遇冷则凝结成固体，这个过程叫作升华。升华得到的产品有较高的纯度，这种方法特别适用于纯化易潮解或与易被溶剂分解的物质。升华法只能用于纯化在不太高的温度下，有足够的蒸气压（在熔点以下高于266.6 Pa）的固态物质，因此，有一定的局限性。

【仪器与试剂】

仪器：加热套，铁架台（铁夹），圆底烧瓶（150 mL），索氏提取器（1 套），玻璃棒，烧杯（100 mL），直形冷凝管，蒸馏头，温度计（带套管），接引管，锥形瓶（100 mL），量筒（50 mL），普通漏斗，蒸发皿（150 mL），坩埚夹或试管夹，滤纸，滤纸套筒，脱脂棉，沸石，石棉网，乳胶管。

试剂：茶叶，生石灰，95%乙醇。

【实验内容】

称取 8 g 茶叶末（略加粉碎），用方形滤纸（或纱布）包裹为圆柱形（自行制作滤纸筒，注意勿使茶叶从滤纸缝中漏出），小心放入索氏提取器（见图 12-1）的直筒中下部，在圆底烧瓶内放入几粒沸石，并加入 80 mL 95%乙醇，开始加热，连续提取，自动虹吸 5～8 次。随着提取次数增多，提取器内溶液颜色逐渐变浅，而圆底烧瓶内溶液变为墨绿色时，停止加热（抽提大约 1.5～2 h）。待溶液冷却，改为普通蒸馏装置（见图 12-2）。重新加热，将烧瓶内的溶液蒸馏分离（加热沸腾，保持适当温度，防止暴沸而导致溶液从冷凝管中喷出），待烧瓶内剩下溶液 10 mL 左右，停止加热，回收蒸出的乙醇。残留液趁热倒入小蒸发皿中，并用蒸发出的少量（1～2 mL）乙醇洗涤烧瓶 1～2 次，洗涤液倒入蒸发皿，拌入约 3 g 研细的生石灰粉，用玻璃棒调成糊状，在蒸汽浴上蒸干，其间要不断小心搅拌，并压碎块状物。将蒸发皿放在石棉网上，用小火焙烧片刻，使水分全部除去（见图 12-3）。冷却后，擦去沾在边上的粉末，以免在升华时污染产物。将粉末样品平铺于蒸发皿内，其上盖一张扎有许多细孔的滤纸（毛刺面朝上），滤纸直径比蒸发皿口直径略小 1～2 mm，滤纸离粉末要有足够的距离，滤纸上罩一个颈部塞有脱脂棉的普通玻璃漏斗（漏斗口与小蒸发皿口大小一致），开始小心控温，加热升华（见图 12-4）。起初，漏斗壁若有少量水珠，需要快速换成一个干燥漏斗。当滤纸上有白色针状结晶时，停止加热，稍等几分钟后，见滤纸颜色开始变化，取下滤纸，用干净纸片刮下滤纸上面的咖啡因，收集后称量并测定熔点。

纯咖啡因的熔点为 234.5 ℃，KBr 压片法测定咖啡因产品的红外光谱（FTIR）如图 12-5 所示。

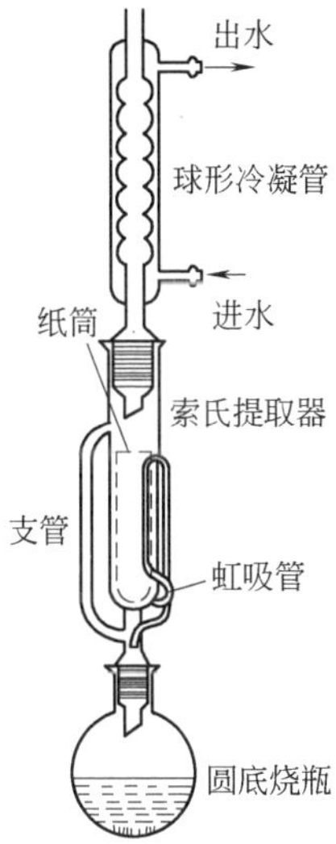

图 12-1　索氏提取装置

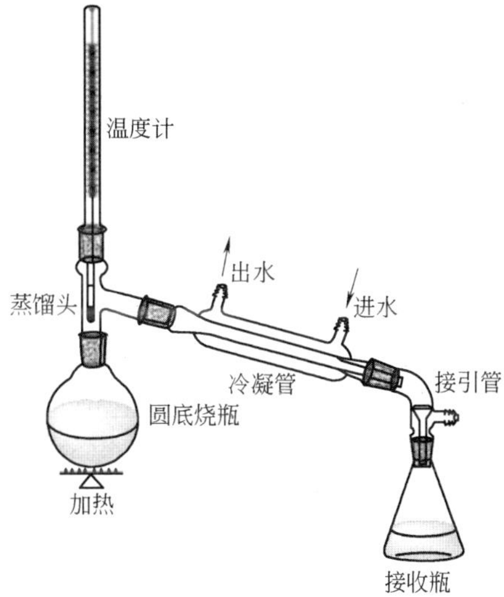

图 12-2　普通蒸馏装置

图 12-3　加热蒸发装置

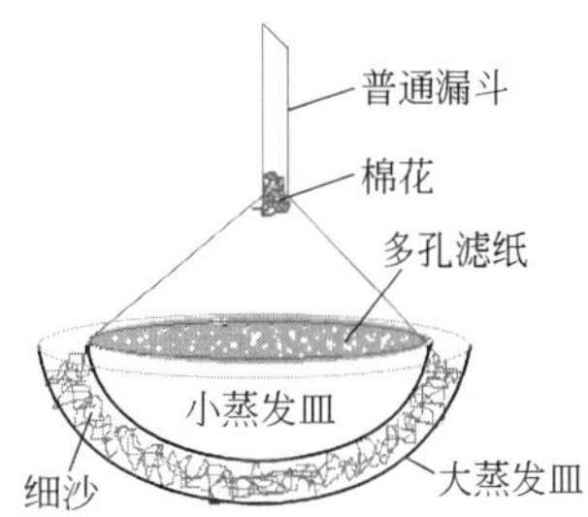

图 12-4　升华装置

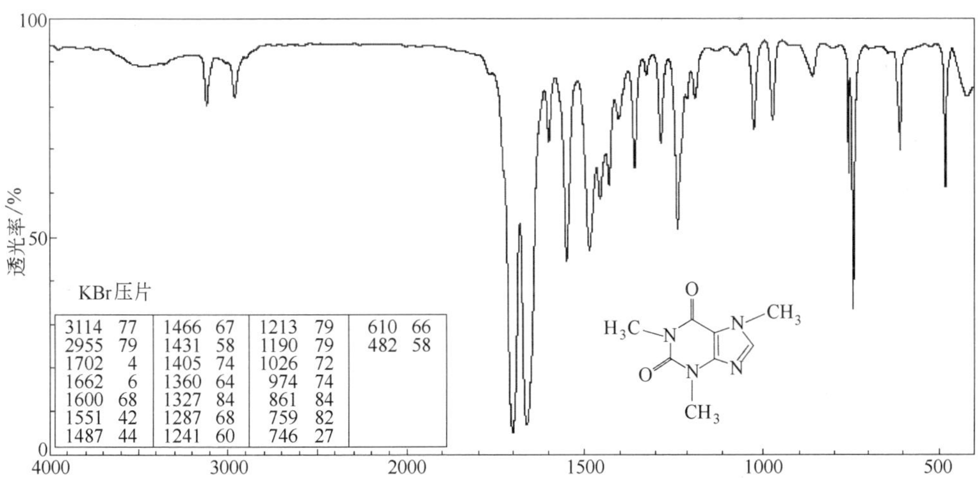

3114	77	1466	67	1213	79	610	66
2955	79	1431	58	1190	79	482	58
1702	4	1405	74	1026	72		
1662	6	1360	64	974	74		
1600	68	1327	84	861	84		
1551	42	1287	68	759	82		
1487	44	1241	60	746	27		

图 12-5　咖啡因红外光谱图

【数据处理】

称量茶叶的质量和咖啡因的质量，计算收率。

【注意事项】

1. 实验时药品和试剂尽量保留在原来药品位置上，或者使用后及时归位。方便实验老师和后续同学的使用。

2. 制作滤纸筒的方法：取正方形脱脂滤纸一张，卷成圆筒状，其直径略小于抽提筒内径，底部折起而封闭（必要时可用线扎紧），装入样品（茶叶），上口盖脱脂棉或手巾纸，以保证回流液均匀地浸透被萃取物。用滤纸包茶叶时要严实，防止茶叶末漏出堵塞虹吸管；滤纸包大小要合适，既能紧贴套管内壁，又能方便取放，且其高度不能超出虹吸管高度。

3. 生石灰起中和水分的作用，以除去部分酸性杂质，在强碱性环境中更有利于弱碱性物质升华而分离。

4. 索氏提取器（又称脂肪提取器）是利用溶剂回流和虹吸原理，使固体物质连续不断地为纯溶剂所萃取的仪器。溶剂沸腾时，其蒸气通过侧管上升，被冷凝管冷凝成液体，滴入套筒中，浸润固体物质，使之溶于溶剂中。当套筒内溶剂液面超过虹吸管的最高处时，即发生虹吸，流入烧瓶中。通过反复的回流和虹吸，从而将固体物质富集在烧瓶中。

5. 脂肪提取器的虹吸管极易折断，在安装仪器和取拿时需特别小心。

6. 在乙醇蒸馏时，瓶中乙醇不可蒸得太干，否则残液很黏，转移时损失较大。

7. 升华操作时，若粉末中残留少量水分等溶剂，升华开始时，将产生一些水珠凝结在漏斗内壁而污染漏斗和产品，如不及时更换干燥漏斗，会导致咖啡因因溶解于液滴中而无法结晶，致使无法得到产品。

【思考题】

1. 升华装置中，为什么要在蒸发皿上覆盖刺有许多小孔的滤纸？漏斗颈为什么塞脱脂棉？

2. 升华操作过程中，应注意什么？为什么必须严格控制温度？

3. 本实验进行升华操作时的注意事项有哪些？

4. 加入生石灰的作用有哪些？

5. 提高咖啡因的产率有哪些关键措施？

6. 除了升华提纯咖啡因外，还可以用什么方法提取咖啡因？

拓展材料：咖啡因

【自测题】

参考答案

1. 从茶叶中提取咖啡因，选取的茶叶最佳应是（　　）。

A. 肥嫩多汁　　B. 革质叶片　　C. 刚刚长出来的小嫩叶　　D. 干茶叶

2.（多选）在从茶叶中提取咖啡因的实验中，加入生石灰的作用是（　　）。

A. 中和　　B. 吸水

C. 放热　　D. 防止研磨时咖啡因被破坏

3. 下列关于本实验的说法错误的是（　　）。

A. 将茶叶研细成粉末主要是为了增加溶剂的浸溶面积，提高萃取效率

B. 焙炒以除净水分的目的是防止升华开始时，会产生一些烟雾，污染器皿和产品

C. 升华装置中要在蒸发皿上覆盖刺有小孔的滤纸是为了避免已升华的咖啡因回落入蒸发皿中，纸上的小孔应保证蒸汽通过

D. 升华装置中要在漏斗颈塞棉花的作用是过滤

4. 从茶叶中提取咖啡因的实验中，以下说法错误的是（　　）。

A. 索氏提取器（脂肪提取器）为配套仪器，其任一部件损坏将会导致整套仪器的报废

B. 用滤纸包茶叶末时要严实，防止茶叶末漏出堵塞虹吸管

C. 茶叶包的高度不能超出虹吸管的高度

D. 浓缩萃取液时要蒸干

5.（多选）索氏提取器（又称脂肪提取器）是利用溶剂（　　）原理，使固体物质连续不断地为纯溶剂所萃取的仪器。

A. 回流　　B. 蒸馏　　C. 浸取　　D. 虹吸

实验十三 表面张力仪测试表面张力

【实验目的】

1. 了解表面张力仪的原理和性能特点，掌握表面张力相关知识及测试方法。
2. 学会使用表面张力仪测定表面张力大小。

【实验原理】

1. 界面

界面是指两相接触的约几个分子厚度的过渡区，如其中一相为气体，这种界面通常称作表面。

2. 界面张力

在固体和液体相接触的界面处，或在两种不同液体相接触的界面上，单位面积内两种物质的分子，各自相对于本相内部相同数量的分子过剩自由能的加和值。也叫液体的表面张力，就是液体与空气间的界面张力。

3. 界面张力相关知识

表面张力是一种特殊的力，它是液体（纯净液体、溶液）性质的一种表现。从微观上看，表面张力是因液体表面薄层（约 10^{-9}m，并非几何面）内分子间的相互作用，它不同于液体内部分子间的相互作用，从而使液体表面层具有一种特殊性质。表面张力是分子力的一种宏观表现，在内聚力的作用下，表面层液体分子的移动总是尽量地使表面积减小。在液体表面形成一层弹性薄膜，这样便出现了表面张力。表面张力起源于分子引力，从其作用效果来看，它属一种拉力。

不同液体表面张力不同，是由于它们有不同的摩尔体积、分子极性和分子力。分子间作用力越大，密度越大，越不容易蒸发的液体，其表面张力越大，如水分子是由氢键缔合的，因此水的表面张力较大。液态汞原子是由金属键缔合的，其表面张力更大。一般液体表面张力系数约为 $40\times10^{-3}\ \mathrm{N\cdot m^{-1}}$。

液体能否浸润固体，与其表面张力有关。表面张力系数小者($30\times10^{-3}\ \mathrm{N\cdot m^{-1}}$左右)，几乎能浸润一切固体；水的表面张力系数较大，它只能浸润某些固体。汞的表面张力系数更大，仅能浸润某些金属。

从力学的角度分析，由于液体表面层分子显著地受到液体内部分子引力的作用(其间也存在着分子斥力，只是分子引力占了优势)。表面层外气体或其他液体分子的作用很小。于是，表面层内分子受力上、下不均，所以表面层分子仅受到了一指向液体内部的合引力，这一引力导致了表面层分子有向液体内部运动的趋势，宏观上便表现出液体表面具有自动收缩的趋势。

从能量的角度分析，由于液体表面层内出现了一个指向液体内部、自液面而下逐渐增强的分子引力场。液体分子由液体内部进入分子引力场，需要外力做功，其分子势能将增大（类似重力场中举起重物），而液体分子由表面进入液体内部，其势能会减小（类似重力场中下落物体）。因任何物体的势能总有减小的倾向，以便使其稳定（势能最小原理），所以表面层的分子总想进入液体内部以获得“安稳”，从而使表面层分子的总势能尽可能减小。这一趋势宏观上使表面积趋于减小，即液面具有自动收缩的趋势。

表面张力一般随温度升高而减小，因为温度升高，分子热运动加剧，液体分子之间距离增大，相互吸引力将减小，所以表面张力要相应地减小。到达临界温度（物质以液态形态出现的最高温度）时，表面张力减小到零（见表 13-1）。通常表面张力和温度的关系成一直线；也有的表面张力虽随温度增加而减小，但不是直线关系；有的二者关系则更复杂。

表 13-1 表面张力与温度关系

温度/K	273	323	373	473	523	773	623	647
表面张力/$mN\cdot m^{-1}$	75.5	63.1	51.5	29.0	18.9	9.6	1.6	0

表面张力和液体表面接触的物质有关。通常不说明接触物质的表面张力值，是液体和该液体的饱和蒸汽或含有其饱和蒸汽的空气接触时的数值（见表 13-2）。如果接触的物质是别的气体或液体，那么表面张力将发生变化，这有点类似于物体间的动摩擦因数，如木块与铁块，木块与冰块之间的动摩擦因数就不一样。

表 13-2 水与多种物质表面张力

液体	接触物质	表面张力/$N\cdot m^{-1}$
水	空气	72.75×10^{-3}
水	苯	33.6×10^{-3}
水	乙醚	12.2×10^{-3}
水	乙醇	1.76×10^{-3}

纯净液体中溶有不同种类的物质时，由于溶液中部分溶质分子进入溶液的表面层。如此，表面层的结构将变化，分子组成将会改变，分子间作用力也会随之发生变化，所以表面张力将改变。如水中溶入酸、酯等物质时，其表面张力（系数）相对纯水会减小，并随溶液浓度增加而减小（20 ℃下，水中溶有肥皂，表面张力系数将从 $72.75\times10^{-3}\ N\cdot m^{-1}$减至 $40\times10^{-3}\ N\cdot m^{-1}$）；水中溶入食盐、蔗糖等物质时，表面张力则会稍稍变大，且随浓度加大而逐渐增大。

纯净液体的表面张力系数和液体表面的大小无关，但有时表面张力系数也和表面的大小有关，溶解了活性表面物质的液体（如肥皂水）便是如此。

4. 表面张力仪相关知识

表面张力仪一般测试的是液-液的表面张力或液-气的表面张力。现有技术将通常使用的表面张力测试技术分为：①称重法表面张力仪；②外形分析法表面张力仪；③最大泡压法表面张力仪。

根据测试原理的不同，将称重法表面张力仪分为两种：铂金环法和铂金板法。

铂金环法是一种传统的测试方法，从发明到现在有约 70 年的时间。它是用直径 0.37 mm 的铂金丝做成周长为 60 mm 的环。测试时先将铂金环浸入两种不相混合液体的界面（或液面）下 2～3 mm，然后再慢慢将铂金环向上提，环与液面会形成一个膜。膜对铂金环会有一个向下拉的力，测量整个铂金环上提过程中膜对环所作用的最大力值，再换算成真正的表面张力值。

铂金板法是用 24 mm×10 mm×0.1 mm 的铂金板，表面进行喷砂粗化处理，为的是更好地被待测液体润湿。测试时将铂金板轻轻地接触到表面，由于液体表面张力的作用会将铂金板往下拉，当液体的表面张力及其他相关的力与仪器测试的反向的力达到平衡时，测试值就稳定不变。

因其测试操作简单，无复杂的经验修正因子，可用于测试中低黏度样品的表面张力，近些年在世界范围内得到了广泛的应用（见图 13-1）。

图 13-1 BZY-201 型表面张力仪

【仪器与试剂】

仪器：量筒（10 mL），烧杯，培养皿，药匙，玻璃棒，BZY-201 型表面张力仪。

试剂：二次蒸馏水，十二烷基硫酸钠（A. R.）。

【实验内容】

白金板测试步骤如下：

① 测量前仪器应开机通电预热 30 min 以上；

② 样品皿清洗，通常情况下，只需要使用自来水和二次蒸馏水；

③ 取被测液体，液体在器皿中高度要高于 7 mm，将器皿放入样品盘；

④ 将铂金板挂在张力仪吊钩上待用；

⑤ 转动样品台快速升降手柄，使朝上的手柄旋转 180°，手柄向下，样品台上升，将铂金板轻轻接触液体；

⑥ 在接触状态下，由传感器感测平衡值；

⑦ 表面张力仪将感应到的平衡值转化为表面张力值并显示出来，记录数据。

【注意事项】

1. 蒸馏水要使用二次蒸馏水。
2. 测试过程中要保持恒温。

【思考题】

表面张力的测定方法很多，如环法、滴体积法（或滴重法）、最大气泡法、平板法、毛细管上升（或下降）法、悬滴法、振动喷射法等。我国国家标准规定了采用拉起液膜法及滴体积法测定表面张力。请查阅文献资料简要描述以上任意一个方法的原理及测试过程。

【自测题】

参考答案

1. 下列说法中不正确的是（　　）。

A. 称重法测表面张力无需复杂经验修正

B. 铂金板法可以测试各种黏度液体的表面张力值

C. 称重法测表面张力时需要保持温度恒定

D. 铂金板需要在表面进行喷砂处理

2. 下列说法中正确的是（　　）。

A. 铂金板法测表面张力时需要铂金板轻轻地接触到界面

B. 铂金板法测表面张力时需要将铂金板伸入液体内部

C. 为了增加润湿，铂金板需要保持光洁

D. 铂金板法测表面张力的机理是利用外形分析

实验十四 柔性水系锌离子电池的组装与测试

【实验目的】

1. 加强对原电池、电解池工作原理的理解。
2. 了解水系锌离子电池的工作原理。
3. 了解柔性电极的制备及柔性电池的组装。
4. 了解电沉积工作原理。
5. 掌握循环伏安法、恒电流充放电等电化学测试方法。

【实验原理】

新型绿色能源如太阳能、潮汐能、风能等由于其可再生、环境友好等优点对解决能源供给和环境保护之间的矛盾具有非常重要的意义。但是绿色能源大多有时效性、间歇性、不稳定或地域性等缺点，需配备储能器件使用。可充电电池如锂离子电池作为高效的储能器件从发现以来得到了迅猛发展，已经广泛应用在便携式电子产品、电动汽车和大规模储能等各领域中。锂离子电池（LIBs）的高成本、锂资源有限和安全性等问题使人们逐渐开始研发其替代品。水系锌离子电池（AZIBs）由于其天然储量丰富、成本低、环境友好、理论比容量高等优势被认为是很有潜力的下一代储能系统。

MnO_2 为常见的 AZIB 正极材料，具有成本低、绿色环保、理论容量高以及工作电压高等优点。水系锌-锰二次电池的工作原理类似于锂离子电池，以 MnO_2 为正极材料，Zn 为负极材料，氢氧化钾水溶液为电解液。放电时，Zn 金属失去电子发生氧化反应，形成的 Zn^{2+} 扩散至正极插入 MnO_2 结构中，电子经由外电路到达正极，MnO_2 正极得到电子发生还原反应。同时在电池内部，离子通过电解质在正负极之间移动（见图 14-1）。

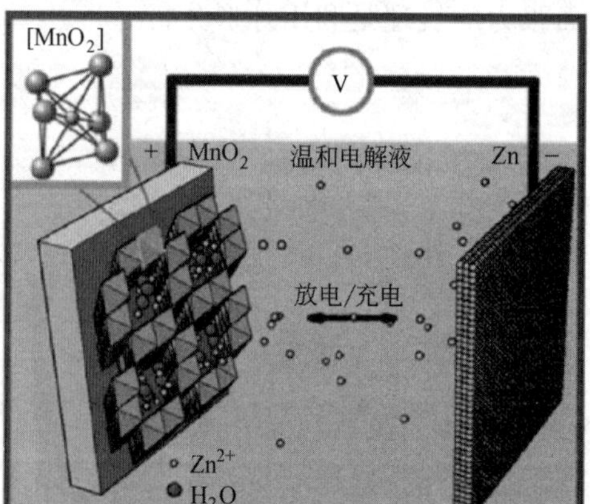

图 14-1 锌-二氧化锰二次电池结构示意

负极反应：$Zn \rightleftharpoons Zn^{2+} + 2e^-$

正极反应：$2MnO_2 + Zn^{2+} + 2e^- \rightleftharpoons ZnMn_2O_4$

总反应：$2MnO_2 + Zn \rightleftharpoons ZnMn_2O_4$

充电时，正负极在外加电流作用下发生逆向反应，电能转化为化学能。

【仪器与试剂】

仪器：CHI-760 电化学工作站，九阳真空封口机（SH13V-AZ550），烧杯，圆底烧瓶，集热式恒温加热磁力搅拌器（DF-101S），超声波清洗器（KQ-400DE），电子天平。

试剂：聚乙烯醇（PVA，1799 型），柠檬酸钠（$C_6H_5Na_3O_7 \cdot 2H_2O$，A. R.），硫酸锰（$MnSO_4 \cdot H_2O$，A. R.），硫酸锌（$ZnSO_4 \cdot 7H_2O$，A. R.），四水合乙酸锰［$Mn(CH_3COO)_2 \cdot 4H_2O$，A. R.］，锌箔（Zn，A. R.），不锈钢网，LED 灯泡组，导线。

【实验内容】

1. MnO_2 电极的制备

（1）制备 0.01 mol·L^{-1}的乙酸锰水溶液：将 0.0735 g $Mn(CH_3COO)_2 \cdot 4H_2O$ 与 30 mL 去离子水混合在 50 mL 烧杯中，缓慢搅拌使其溶解，静置备用。

（2）不锈钢网前处理：不锈钢网用丙酮和乙醇依次超声波清洗各 30 min，取出后剪成“凸”字形，并称重记录。

（3）用电沉积法将 MnO_2 沉积在不锈钢网上，电解池以 0.1 mol·L^{-1}的乙酸锰水溶液为电解液，不锈钢网作工作电极，铂片为对电极，电化学工作站为外接电源。设置恒定电流为 20 mA，工作时间为 2000 s。沉积结束后，取出 MnO_2-不锈钢网薄膜电极，依次用去离子水和乙醇分别冲洗 3 次，称重记录。计算得到 MnO_2 材料的负载量（图 14-2）。

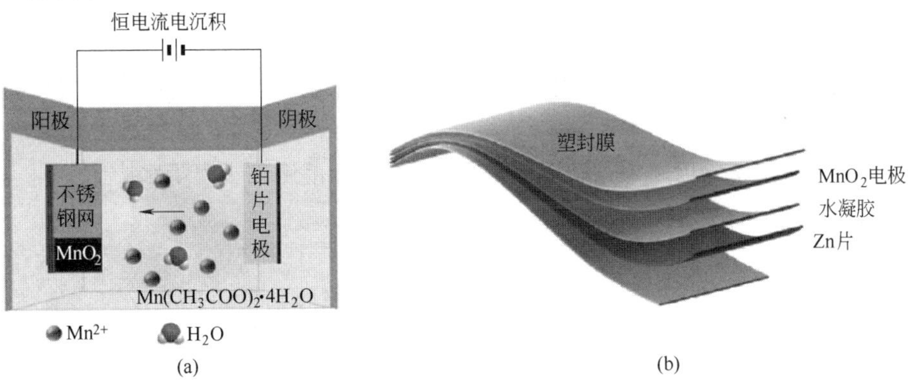

图 14-2　电沉积制备 MnO_2-不锈钢网电极（a）和柔性电池示意（b）

2. PVA 电解质的制备

（1）取 1.5 g PVA 和 10 mL 去离子水置于 100 mL 圆底烧瓶中，90 ℃ 下磁力搅拌 10 min 至固体全部溶解，冷却备用。将冷却后的 PVA 水溶液置于培养皿中冷冻 15 min（−10 ℃）。在冷冻后的凝胶表面滴一层 1.5 $mol \cdot L^{-1}$ 的柠檬酸钠溶液进行盐析，静置备用。

（2）配制 1 $mol \cdot L^{-1}$ $ZnSO_4$ 和 0.1 $mol \cdot L^{-1}$ $MnSO_4$ 混合电解液。将静置成型的凝胶电解质浸泡在混合电解液中 15 min 后取出，得到 PVA 水凝胶电解质。

3. 柔性水系锌离子软包电池组装

（1）剪裁得到合适大小的塑封膜、锌箔、PVA 水凝胶、MnO_2-不锈钢网薄膜电极。打开塑封膜，依次放入锌箔（负极）、PVA 水凝胶（电解质）、MnO_2-不锈钢网（正极），并在四周留出 1 cm 左右空隙。两个极耳分别与正负极接触并保持在一条直线上，并在电池塑封时留在塑封膜外部，以便外接导线。组装完成后静置备用。

（2）电化学性能测试：将组装好的软包电池通过极耳外接在电化学工作站上，进行循环伏安（CV）测试，设置扫描速度为 0.1 $mV \cdot s^{-1}$，扫描电压范围为 0.8～1.8 V，扫描圈数为 5 次。使用电池测试系统进行恒流充放电性能测试，设置电流密度为 1 $A \cdot g^{-1}$，循环 100 次后测试结束。

（3）实用性验证：将组装好的柔性锌离子电池外接小灯泡观察现象。将柔性电池弯折不同角度，观察小灯泡点亮情况。

【数据处理】

1. 做出柔性水系锌离子电池的 CV 曲线。观察图中出现的氧化还原峰的数量和位置，以及不同扫描圈数下 CV 曲线的重合情况。

2. 做出 1 $A \cdot g^{-1}$ 电流密度下电池的恒流充放电曲线和循环容量图，分析所组装的柔性电池的电化学性能。

【注意事项】

1. 电池组装时对齐正极极片、电解质、负极极片，防止正负极直接接触导致电池短路。

2. PVA 水凝胶电解质制备时要确保 PVA 完全溶解在去离子水中。

【思考题】

1. 电沉积制备 MnO_2 过程中电解池的阴、阳极分别发生什么反应？请尝试写出反应方程式。

2. 如果电极的极性接反了，会有什么结果？

3. 电池随着充放电循环容量下降的原因是什么？

【自测题】

参考答案

1. Zn-MnO_2二次电池在充电过程中阳极发生的反应是（　　）。

A. 氧化反应　　　　　B. 还原反应

2. CV 曲线中氧化峰和还原峰越靠近说明电池的可逆性越好。（　　）

A. 正确　　　　　B. 错误

实验十五 氨水沉淀分离-碘量法测定铜矿石中的铜

【实验目的】

1. 理解碘量法测铜矿石中铜的实验原理。
2. 理解碘量法测铜的干扰及消除方法。
3. 掌握碘量法滴定方法。

【实验原理】

铜是地球上分布比较广泛的金属元素之一，在地壳中的丰度大约为 0.01%，在丰度表中居第 21 位，是重要的选矿元素。

铜矿石中的铜含量变化幅度较大，涉及的测定方法也较广泛，目前对高、中含量铜的测定多采用化学分析方法——碘量法，对低含量铜的测定可采用分光光度法、极谱法和原子吸收光谱法等。

1. 试样的分解

根据测定项目、矿种和误差要求的不同，在铜矿石的单项测定中，试样的分解可采用酸溶、碱熔、半熔等方法，本实验采用的是酸溶。

酸溶法主要应用于硫化铜矿石，常用的溶剂是硝酸和王水。硝酸和王水几乎能使所有的硫化铜矿石分解。这类矿石含硫量较高，与硝酸或王水作用时析出的单体硫会包裹试样，使分解不完全。为避免大量硫的析出，可在加硝酸之前加入溴水或 $KClO_3$ 溶液，使试样中的硫化物氧化成硫酸盐，以免加入硝酸或王水后析出单质硫；也可将试样先在 500～550 ℃灼烧，然后用硝酸或王水分解；还可先加入盐酸分解数分钟后，再加硝酸分解。

2. 碘量法测定原理

碘量法是用 KI 与 Cu^{2+} 反应，生成极难溶于稀酸的 CuI，并析出相应的 I_2，用硫代硫酸钠标准溶液滴定析出的 I_2，从而求得试样中铜的含量，反应式如下：

$$2Cu^{2+} + 4I^- \rightleftharpoons 2CuI\downarrow + I_2$$

$$I_2 + 2S_2O_3^{2-} = 2I^- + S_4O_6^{2-}$$

$S_2O_3^{2-}$ 与 I_2 之间的反应速率快且很完全，但必须在弱酸性溶液中进行，最适宜的酸度范围是 pH 值 3.5～5。碘量法测定铜可以在醋酸、硫酸或盐酸介质中进行。目前采用最多的是醋酸介质，因为用醋酸介质比用硫酸或盐酸易于控制所需酸度。

为防止 I^- 被空气氧化，I_2 析出后，一般应立即用 $Na_2S_2O_3$ 标准溶液滴定，且滴定速度应适当快些。为防止 I_2 挥发，滴定时不要剧烈摇动溶液，最好使用带有玻璃塞的锥形瓶（即碘量瓶）。滴定温度不宜过高，一般在室温下进行。

由于 I^- 与 Cu^{2+} 的反应是可逆反应，因此，为使 Cu^{2+} 与 I^- 定量反应，I^-（通常以 KI 形式加入）必须过量。实验分析中一般加入 2 g 左右的 KI 即可使 Cu^{2+} 与 I^- 定量地反应。过量 I^- 的存在，还可使 I_2 形成 I_3^-，从而减小 I_2 的挥发。

在测定铜的溶液中加入硫氰酸盐，能使 CuI 变为溶解度更小的硫氰酸亚铜（CuSCN）：

$$CuI + SCN^- = CuSCN \downarrow + I^-$$

这样可使 I^- 与 Cu^{2+} 的反应进行得更完全。此外，CuSCN 沉淀对 I_2 的吸附比 CuI 沉淀小得多，所以还可使终点清晰。在实际工作中，当试样中含铜量不高时，不必加入硫氰酸盐。若含铜量较高，为使终点易于观察，可以加入 2 g 硫氰酸盐。

3. 碘量法的干扰及消除方法

用碘量法测定铜时，如有与 I^- 反应的物质存在，均干扰测定。如 Fe^{3+} 能氧化 I^- 成 I_2，使结果偏高，本实验采用的消除 Fe^{3+} 干扰的方法为氨分离法。用氨水将 Fe^{3+} 沉淀为 $Fe(OH)_3$，Cu^{2+} 形成氨络离子进入溶液，过滤分离，在滤液中用碘量法测定铜，即为氨水沉淀分离-碘量法（简称氨分离碘量法）。

用氨分离碘量法测定铜时，应注意以下两个问题：①用氨水分离铁、铜时，铵盐（常用 NH_4Cl）的存在可减轻胶状 $Fe(OH)_3$ 对 Cu^{2+} 的吸附。采用小体积分离法也能减轻吸附。铁含量高时，一次分离往往不完全，应进行二次氨分离。②过剩的氨存在时不仅会与 HAc 形成 NH_4Ac，阻止 Cu^{2+} 与 I^- 的作用，使结果偏低，而且还会使体系中铵盐量过大，导致 Cu^{2+} 的活度降低，使反应变慢，引起终点返回，所以需要煮沸除去过剩的氨。

【仪器与试剂】

仪器：分析天平，烧杯，量筒，表面皿，玻璃棒，锥形瓶，碱式滴定管，电热板，定性滤纸，漏斗。

试剂：盐酸，硝酸，氯化铵。

氨水（1∶1）：即浓氨水与水的体积比为 1∶1 的氨水。

醋酸（1∶1）：即浓醋酸与水的体积比为 1∶1 的醋酸。

碘化钾溶液（500 $g \cdot L^{-1}$）。

硫氰酸钾溶液（5 $g \cdot L^{-1}$）。

氯化铵-氨水洗液：称取 20 g 氯化铵，溶解于水中，加入 20 mL 氨水，用水稀释至 1000 mL，摇匀。

铜标准溶液：取高纯金属铜片，用 10%硝酸将其表面的氧化物溶去，然后用水洗净，再用无水乙醇洗 2 次，低温烘干，冷却。准确称取 1.000 g 铜，溶于 20 mL 1∶1 硝酸中，溶解后，蒸发至 3～5 mL，加 10 mL 1∶1 硫酸，加热至冒三氧化硫浓白烟，取下冷却，小心加水，使铜盐溶解，移入 1000 mL 容量瓶中，用水稀释至刻度，摇匀，此溶液 1 mL 含 1 mg 铜离子。

硫代硫酸钠标准溶液（2.5 g•L^{-1}）：溶解 2.5 g 硫代硫酸钠（$Na_2S_2O_3\cdot5H_2O$）于 1000 mL 刚煮沸并冷却的水中，加入 0.1 g 碳酸钠，摇匀，待标定。

标定：吸取 10.00 mL 铜标准溶液于锥形瓶中，滴加 1∶1 氨水至蓝色铜氨配离子形成，用 1∶1 醋酸中和至溶液由蓝色变为果绿色并过量 4 mL，加入 2 mL 碘化钾溶液（500 g•L^{-1}），用硫代硫酸钠标准溶液滴定至淡黄色，加入硫氰酸钾溶液（5 g•L^{-1}），加入 3 mL 淀粉溶液（10 g•L^{-1}），继续滴定至蓝色消失。

淀粉溶液（10 g•L^{-1}）：1 g 可溶性淀粉溶解于 100 mL 热水中。

【实验内容】

准确称取 0.2～1 g 试样于 150 mL 烧杯中，用少许水润湿，加 10 mL 盐酸，置电热板上加热分解，除去硫化氢，加入 3 mL 硝酸，盖上表面皿，继续加热至试样完全分解。将表面皿洗净移去，继续加热浓缩至 2～3 mL 体积，取下冷却，加 5 g 氯化铵固体（事先将块状氯化铵捣碎），用玻璃棒搅拌至砂粒状，加入 20 mL 1∶1 氨水，充分搅拌，用定性滤纸过滤，用 250 mL 锥形瓶承接滤液，用氯化铵-氨水洗液洗涤沉淀和烧杯 5～6 次，弃去沉淀。滤液加热蒸发至析出盐类，取下冷却，加水 10～20 mL，加 4 mL 1∶1 醋酸溶液，加 3 mL 碘化钾溶液（500 g•L^{-1}），用硫代硫酸钠标准溶液滴定至淡黄色，加 2 mL 硫氰酸钾溶液（5 g•L^{-1}）及 3 mL 淀粉溶液（10 g•L^{-1}），继续用硫代硫酸钠标准溶液滴定至蓝色消失为终点。

【数据处理】

按下式进行结果计算，得到铜矿石中铜的含量 w_{Cu}：

$$w_{Cu}=\frac{T_{Cu/Na_2S_2O_3}\times(V_1-V_0)\times10^{-3}}{m}$$

式中 $T_{Cu/Na_2S_2O_3}$——硫代硫酸钠标准溶液对铜的滴定度，mg Cu•mL^{-1}；

V_1——试液消耗的硫代硫酸钠标准溶液的体积，mL；

V_0——随同试样空白溶液消耗的硫代硫酸钠标准溶液的体积，mL；

m——试样的质量，g。

【注意事项】

1. 配制 $Na_2S_2O_3$ 溶液时，需用新煮沸并冷却的去离子水，除二氧化碳、氧气、杀菌，必要时加入碳酸钠起到抑菌的作用，使用棕色试剂瓶，避光存放，提前配制，充分反应，定期重新标定。

2. 淀粉指示剂最好在使用前配制，不宜久存。

3. 操作酸时要戴防护手套，如酸为强腐蚀性且易挥发，需戴化学安全防护眼镜。

【思考题】

1. 用碘量法测定铜，什么情况下可以考虑加入硫氰酸盐？加入硫氰酸盐的目的是什么？

2. 三价铁离子的存在会干扰铜的测定吗？有什么办法消除？

【自测题】

参考答案

1. （多选）碘量法测定铜时消除 Fe^{3+} 干扰的方法有哪些？（　　）

A. 氨分离法

B. 氟化物配位掩蔽法

C. 六聚偏磷酸钠配位掩蔽法

D. 焦磷酸钠-磷酸三钠配位掩蔽法

2. 碘量法测定铜溶液的环境为（　　）。

A. 强酸性　　B. 弱酸性　　C. 强碱性　　D. 弱碱性

附　录

附录一　常见离子的颜色

无色离子

阳离子：

Na^+、K^+、NH_4^+、Mg^{2+}、Ca^{2+}、Sr^{2+}、Ba^{2+}、Al^{3+}、Sn^{2+}、Sn^{4+}、Pb^{2+}、Bi^{3+}、Ag^+、Zn^{2+}、Cd^{2+}、Hg_2^{2+}、Hg^{2+}等。

阴离子：

SO_4^{2-}、SO_3^{2-}、$S_2O_3^{2-}$、CO_3^{2-}、$C_2O_4^{2-}$、PO_4^{3-}、F^-、Cl^-、Br^-、I^-、S^{2-}、NO_3^-、NO_2^-、SiO_3^{2-}、HCO_3^-、ClO_3^- 等。

有色离子

水合离子	颜色	配合离子	颜色
Mn^{2+}	肉色	$[Cu(NH_3)_4]^{2+}$	深蓝色
Fe^{3+}	浅紫色	$[CuCl_4]^{2-}$	黄色
Fe^{2+}	浅绿色	$[Fe(NCS)_n]^{3-n}$	血红色
Cr^{3+}	蓝紫色	$[Fe(CN)_6]^{3-}$	黄色
Co^{2+}	粉红色	$[Fe(CN)_6]^{4-}$	黄色
Ni^{2+}	亮绿色	$[Co(NH_3)_6]^{2+}$	土黄色
Cu^{2+}	浅蓝色	$[Co(NH_3)_6]^{3+}$	红褐色
$Cr_2O_7^{2-}$	橙色	$[CoCl_4]^{2-}$	蓝色
CrO_4^{2-}	黄色	$[Co(NCS)_4]^{2-}$	蓝色
CrO_2^-	亮绿色	$[Ni(NH_3)_6]^{2+}$	蓝色
MnO_4^-	紫红色		
MnO_4^{2-}	绿色		

附录二　常见化合物的颜色

氧化物：	CuO	Ag_2O	ZnO	HgO	Cr_2O_3	CrO_3	MnO_2
	黑色	暗棕色	白色	红或黄色	绿色	红色	棕色

氢氧化物：	$Mg(OH)_2$	$Cu(OH)_2$	$Zn(OH)_2$	$Al(OH)_3$	$Cr(OH)_3$	$Fe(OH)_3$
	白色	浅蓝色	白色	白色	灰绿色	红棕色

卤化物：	$AgCl$	$AgBr$	AgI	$PbCl_2$	PbI_2	HgI_2
	白色	淡黄色	黄色	白色	黄色	橘红色
	$FeCl_3 \cdot 6H_2O$	$Sn(OH)Cl$	$SbOCl$	$BiOCl$		
	棕黄色	白色	白色	白色		

硫化物：	Ag_2S	PbS	CuS	CdS	ZnS
	黑色	黑色	黑色	黄色	白色

铬酸盐：	Ag_2CrO_4	$PbCrO_4$	$BaCrO_4$
	砖红色	黄色	黄色

其他：	CaC_2O_4	Ag_3PO_4	$(NH_4)_2Fe(SO_4)_2 \cdot 6H_2O$
	白色	黄色	浅绿色
	$KFe[Fe(CN)_6]$	$Cu_2[Fe(CN)_6]$	
	蓝色	红棕色	

附录三　常见离子的简易鉴定方法

1. 常见阳离子的鉴定方法

NH_4^+　加入 NaOH，加热后放出氨气：

$$NH_4^+ + NaOH \xrightarrow{\triangle} NH_3\uparrow + H_2O + Na^+$$

NH_3 使湿润的红色石蕊试纸变蓝或 pH 试纸呈碱性反应。

Fe^{2+}　与 $K_3[Fe(CN)_6]$反应生成蓝色沉淀：

$$3Fe^{2+} + 2[Fe(CN)_6]^{3-} = Fe_3[Fe(CN)_6]_2\downarrow$$

Fe^{3+}　(1) 与 KSCN 反应生成血红色配合物：

$$Fe^{3+} + nSCN^- = [Fe(NCS)_n]^{3-n} \quad (n=1\sim6)$$

(2) 与 $K_4[Fe(CN)_6]$反应生成蓝色沉淀：

$$4Fe^{3+} + 3[Fe(CN)_6]^{4-} = Fe_4[Fe(CN)_6]_3\downarrow$$

Cu^{2+}　(1) 在中性或弱酸性溶液中与 $K_4[Fe(CN)_6]$反应，生成红棕色沉淀：

$$2Cu^{2+}+[Fe(CN)_6]^{4-} = Cu_2[Fe(CN)_6]\downarrow$$

(2) 与过量氨水反应，生成深蓝色配合物：

$$Cu^{2+}+4NH_3 = [Cu(NH_3)_4]^{2+}$$

Pb^{2+} 与铬酸钾溶液反应生成黄色沉淀，沉淀溶于 NaOH，然后加 HAc 酸化，黄色沉淀重又析出：

$$Pb^{2+}+CrO_4^{2-} = PbCrO_4\downarrow$$

$$PbCrO_4+4OH^- = PbO_2^{2-}+CrO_4^{2-}+2H_2O$$

$$PbO_2^{2-}+CrO_4^{2-}+4HAc = PbCrO_4\downarrow+4Ac^-+2H_2O$$

Ca^{2+} 与草酸铵反应生成白色沉淀：

$$Ca^{2+}+C_2O_4^{2-} \longrightarrow CaC_2O_4\downarrow$$

Mg^{2+} 碱性条件下与镁试剂反应生成天蓝色沉淀。

Ba^{2+} 与 K_2CrO_4（弱酸性）反应生成黄色沉淀：

$$Ba^{2+}+CrO_4^{2-} \longrightarrow BaCrO_4\downarrow$$

Al^{3+} 与铝试剂反应生成红色絮状沉淀。

Co^{2+} 与饱和 NH_4SCN 在丙酮或戊醇存在下反应生成蓝色配合物：

$$Co^{2+}+4SCN^- = [Co(NCS)_4]^{2-}$$

注：Fe^{3+} 有干扰。

Ni^{2+} 在氨性溶液中与丁二酮肟反应生成鲜红色螯合物沉淀。

2. 常见阴离子的鉴定方法

Cl^- 与 $AgNO_3$ 作用生成白色沉淀：

$$Cl^-+Ag^+ = AgCl\downarrow$$

沉淀不溶于 HNO_3，能溶于过量的氨水中。

Br^- 加入氯水和 CCl_4，Br^- 与氯水反应析出 Br_2：

$$2Br^-+Cl_2 = 2Cl^-+Br_2$$

Br_2 溶于 CCl_4 中呈现橙黄色或橙红色。

I^- 加入氯水和 CCl_4，I^- 与氯水反应析出 I_2：

$$2I^-+Cl_2 = 2Cl^-+I_2$$

I_2 溶于 CCl_4 中呈现紫红色。

S^{2-} 与稀 HCl 反应生成臭鸡蛋味的 H_2S 气体：

$$S^{2-} + 2H^+ \longrightarrow H_2S\uparrow$$

H_2S 可使湿润的 $PbAc_2$ 试纸变黑。

SO_4^{2-} 与 $BaCl_2$ 反应生成白色沉淀：

$$SO_4^{2-} + Ba^{2+} \longrightarrow BaSO_4\downarrow$$

沉淀不溶于 HNO_3。

SO_3^{2-} 与稀 HCl 反应放出 SO_2 气体：

$$SO_3^{2-} + 2H^+ \longrightarrow SO_2\uparrow + H_2O$$

SO_2 可使品红或 $KMnO_4$ 溶液褪色，使 I_2-淀粉试纸褪色。

$S_2O_3^{2-}$ （1）与稀 HCl 作用放出 SO_2 气体并析出 S：

$$S_2O_3^{2-} + 2H^+ \longrightarrow SO_2\uparrow + S\downarrow + H_2O$$

反应中有 S 析出，溶液变浑浊。

（2）与 $AgNO_3$ 反应生成白色沉淀，且颜色变化为白→黄→棕，最后变为黑色。

$$S_2O_3^{2-} + 2Ag^+ \longrightarrow Ag_2S_2O_3\downarrow$$

$$Ag_2S_2O_3 + H_2O \longrightarrow Ag_2S\downarrow + 2H^+ + SO_4^{2-}$$

NO_2^- 加 $FeSO_4$ 和 HAc 溶液，能产生棕色溶液：

$$NO_2^- + Fe^{2+} + 2HAc \longrightarrow NO + Fe^{3+} + 2Ac^- + H_2O$$

$$NO + Fe^{2+} \longrightarrow [Fe(NO)]^{2+}$$

NO_3^- 加入少量 $FeSO_4$ 晶体，溶解后沿倾斜的试管壁加入浓 H_2SO_4。在溶液与浓 H_2SO_4 交界处形成棕色环。

$$NO_3^- + 3Fe^{2+} + 4H^+ \longrightarrow NO + 3Fe^{3+} + 2H_2O$$

$$NO + FeSO_4 \longrightarrow [Fe(NO)SO_4]$$

PO_4^{3-} （1）与 $AgNO_3$ 反应生成黄色沉淀：

$$PO_4^{3-} + 3Ag^+ \longrightarrow Ag_3PO_4\downarrow$$

（2）与 $(NH_4)_2MoO_4$ 反应生成黄色难溶晶体：

$$PO_4^{3-} + 3NH_4^+ + 12MoO_4^{2+} + 24H^+ \longrightarrow$$
$$(NH_4)_3PO_4\cdot 12MoO_3\cdot 6H_2O\downarrow + 6H_2O$$

附录四 常见平衡常数表

1. 弱酸、弱碱的解离常数

无机酸在水溶液中的解离常数(25 ℃)

序号	名称	化学式	K_a	pK_a
1	偏铝酸	$HAlO_2$	6.3×10^{-13}	12.20
2	亚砷酸	H_3AsO_3	6.0×10^{-10}	9.22
3	砷酸	H_3AsO_4	$6.3\times10^{-3}(K_{a1})$	2.20
			$1.05\times10^{-7}(K_{a2})$	6.98
			$3.2\times10^{-12}(K_{a3})$	11.50
4	硼酸	H_3BO_3	$5.8\times10^{-10}(K_{a1})$	9.24
			$1.8\times10^{-13}(K_{a2})$	12.74
			$1.6\times10^{-14}(K_{a3})$	13.80
5	次溴酸	$HBrO$	2.4×10^{-9}	8.62
6	氢氰酸	HCN	6.2×10^{-10}	9.21
7	碳酸	H_2CO_3	$4.2\times10^{-7}(K_{a1})$	6.38
			$5.6\times10^{-11}(K_{a2})$	10.25
8	次氯酸	$HClO$	3.2×10^{-8}	7.50
9	氢氟酸	HF	6.61×10^{-4}	3.18
10	锗酸	H_2GeO_3	$1.7\times10^{-9}(K_{a1})$	8.78
			$1.9\times10^{-13}(K_{a2})$	12.72
11	高碘酸	HIO_4	2.8×10^{-2}	1.56
12	亚硝酸	HNO_2	5.1×10^{-4}	3.29
13	次磷酸	H_3PO_2	5.9×10^{-2}	1.23
14	亚磷酸	H_3PO_3	$5.0\times10^{-2}(K_{a1})$	1.30
			$2.5\times10^{-7}(K_{a2})$	6.60
15	磷酸	H_3PO_4	$7.52\times10^{-3}(K_{a1})$	2.12
			$6.31\times10^{-8}(K_{a2})$	7.20
			$4.4\times10^{-13}(K_{a3})$	12.36

续表

序号	名称	化学式	K_a	pK_a
16	焦磷酸	$H_4P_2O_7$	$3.0\times10^{-2}(K_{a1})$	1.52
			$4.4\times10^{-3}(K_{a2})$	2.36
			$2.5\times10^{-7}(K_{a3})$	6.60
			$5.6\times10^{-10}(K_{a4})$	9.25
17	氢硫酸	H_2S	$1.3\times10^{-7}(K_{a1})$	6.88
			$7.1\times10^{-15}(K_{a2})$	14.15
18	亚硫酸	H_2SO_3	$1.23\times10^{-2}(K_{a1})$	1.91
			$6.6\times10^{-8}(K_{a2})$	7.18
19	硫酸	H_2SO_4	$1.0\times10^{3}(K_{a1})$	−3.0
			$1.02\times10^{-2}(K_{a2})$	1.99
20	硫代硫酸	$H_2S_2O_3$	$2.52\times10^{-1}(K_{a1})$	0.60
			$1.9\times10^{-2}(K_{a2})$	1.72
21	氢硒酸	H_2Se	$1.3\times10^{-4}(K_{a1})$	3.89
			$1.0\times10^{-11}(K_{a2})$	11.0
22	亚硒酸	H_2SeO_3	$2.7\times10^{-3}(K_{a1})$	2.57
			$2.5\times10^{-7}(K_{a2})$	6.60
23	硒酸	H_2SeO_4	$1\times10^{3}(K_{a1})$	−3.0
			$1.2\times10^{-2}(K_{a2})$	1.92
24	硅酸	H_2SiO_3	$1.7\times10^{-10}(K_{a1})$	9.77
			$1.6\times10^{-12}(K_{a2})$	11.80
25	亚碲酸	H_2TeO_3	$2.7\times10^{-3}(K_{a1})$	2.57
			$1.8\times10^{-8}(K_{a2})$	7.74

有机酸在水溶液中的解离常数（25 ℃）

序号	名称	化学式	K_a	pK_a
1	甲酸	HCOOH	1.8×10^{-4}	3.75
2	乙酸	CH_3COOH	1.74×10^{-5}	4.76
3	乙醇酸	$CH_2(OH)COOH$	1.48×10^{-4}	3.83
4	草酸	$(COOH)_2$	$5.4\times10^{-2}(K_{a1})$	1.27
			$5.4\times10^{-5}(K_{a2})$	4.27
5	甘氨酸	$CH_2(NH_2)COOH$	1.7×10^{-10}	9.78

续表

序号	名称	化学式	K_a	pK_a
6	一氯乙酸	$CH_2ClCOOH$	1.4×10^{-3}	2.86
7	二氯乙酸	$CHCl_2COOH$	5.0×10^{-2}	1.30
8	三氯乙酸	CCl_3COOH	2.0×10^{-1}	0.70
9	丙酸	CH_3CH_2COOH	1.35×10^{-5}	4.87
10	丙烯酸	$CH_2=CHCOOH$	5.5×10^{-5}	4.26
11	乳酸(丙醇酸)	$CH_3CHOHCOOH$	1.4×10^{-4}	3.86
12	丙二酸	$HOOCCH_2COOH$	$1.4\times10^{-3}(K_{a1})$	2.85
			$2.2\times10^{-6}(K_{a2})$	5.66
13	2-丙炔酸	$HC\equiv CCOOH$	1.29×10^{-2}	1.89
14	甘油酸	$HOCH_2CHOHCOOH$	2.29×10^{-4}	3.64
15	丙酮酸	$CH_3COCOOH$	3.2×10^{-3}	2.49
16	α-丙氨酸	CH_3CHNH_2COOH	1.35×10^{-10}	9.87
17	β-丙氨酸	$CH_2NH_2CH_2COOH$	4.4×10^{-11}	10.36
18	正丁酸	$CH_3(CH_2)_2COOH$	1.52×10^{-5}	4.82
19	异丁酸	$(CH_3)_2CHCOOH$	1.41×10^{-5}	4.85
20	3-丁烯酸	$CH_2=CHCH_2COOH$	2.1×10^{-5}	4.68
21	异丁烯酸	$CH_2=C(CH_3)COOH$	2.2×10^{-5}	4.66
22	反丁烯二酸(富马酸)	$HOOCCH=CHCOOH$	$9.3\times10^{-4}(K_{a1})$	3.03
			$3.6\times10^{-5}(K_{a2})$	4.44
23	顺丁烯二酸(马来酸)	$HOOCCH=CHCOOH$	$1.2\times10^{-2}(K_{a1})$	1.92
			$5.9\times10^{-7}(K_{a2})$	6.23
24	酒石酸	$HOCOCH(OH)CH(OH)COOH$	$1.04\times10^{-3}(K_{a1})$	2.98
			$4.55\times10^{-5}(K_{a2})$	4.34
25	正戊酸	$CH_3(CH_2)_3COOH$	1.4×10^{-5}	4.86
26	异戊酸	$(CH_3)_2CHCH_2COOH$	1.67×10^{-5}	4.78
27	2-戊烯酸	$CH_3CH_2CH=CHCOOH$	2.0×10^{-5}	4.70

续表

序号	名　称	化 学 式	K_a	pK_a
28	3-戊烯酸	$CH_3CH{=\!=}CHCH_2COOH$	3.0×10^{-5}	4.52
29	4-戊烯酸	$CH_2{=\!=}CHCH_2CH_2COOH$	2.10×10^{-5}	4.677
30	戊二酸	$HOOC(CH_2)_3COOH$	$1.7\times10^{-4}(K_{a1})$	3.77
			$8.3\times10^{-7}(K_{a2})$	6.08
31	谷氨酸	$HOOCCH_2CH_2CH(NH_2)COOH$	$7.4\times10^{-3}(K_{a1})$	2.13
			$4.9\times10^{-5}(K_{a2})$	4.31
			$4.4\times10^{-10}(K_{a3})$	9.358
32	正己酸	$CH_3(CH_2)_4COOH$	1.39×10^{-5}	4.86
33	异己酸	$(CH_3)_2CH(CH_2)_3COOH$	1.43×10^{-5}	4.85
34	(*E*)-2-己烯酸	$H(CH_2)_3CH{=\!=}CHCOOH$	1.8×10^{-5}	4.74
35	(*E*)-3-己烯酸	$CH_3CH_2CH{=\!=}CHCH_2COOH$	1.9×10^{-5}	4.72
36	己二酸	$HOOCCH_2CH_2CH_2CH_2COOH$	$3.8\times10^{-5}(K_{a1})$	4.42
			$3.9\times10^{-6}(K_{a2})$	5.41
37	柠檬酸	$HOOCCH_2C(OH)(COOH)CH_2COOH$	$7.4\times10^{-4}(K_{a1})$	3.13
			$1.7\times10^{-5}(K_{a2})$	4.76
			$4.0\times10^{-7}(K_{a3})$	6.40
38	苯酚	C_6H_5OH	1.1×10^{-10}	9.96
39	邻苯二酚	$(o)C_6H_4(OH)_2$	3.6×10^{-10}	9.45
			1.6×10^{-13}	12.8
40	间苯二酚	$(m)C_6H_4(OH)_2$	$3.6\times10^{-10}(K_{a1})$	9.30
			$8.71\times10^{-12}(K_{a2})$	11.06
41	对苯二酚	$(p)C_6H_4(OH)_2$	1.1×10^{-10}	9.96
42	2,4,6-三硝基苯酚	$2,4,6\text{-}(NO_2)_3C_6H_2OH$	5.1×10^{-1}	0.29
43	葡萄糖酸	$CH_2OH(CHOH)_4COOH$	1.4×10^{-4}	3.86
44	苯甲酸	C_6H_5COOH	6.3×10^{-5}	4.20
45	水杨酸	$C_6H_4(OH)COOH$	$1.05\times10^{-3}(K_{a1})$	2.98
			$4.17\times10^{-13}(K_{a2})$	12.38
46	邻硝基苯甲酸	$(o)NO_2C_6H_4COOH$	6.6×10^{-3}	2.18
47	间硝基苯甲酸	$(m)NO_2C_6H_4COOH$	3.5×10^{-4}	3.46
48	对硝基苯甲酸	$(p)NO_2C_6H_4COOH$	3.6×10^{-4}	3.44
49	邻苯二甲酸	$(o)C_6H_4(COOH)_2$	$1.1\times10^{-3}(K_{a1})$	2.96
			$4.0\times10^{-6}(K_{a2})$	5.40

续表

序号	名称	化学式	K_a	pK_a
50	间苯二甲酸	$(m)C_6H_4(COOH)_2$	$2.4\times10^{-4}(K_{a1})$	3.62
			$2.5\times10^{-5}(K_{a2})$	4.60
51	对苯二甲酸	$(p)C_6H_4(COOH)_2$	$2.9\times10^{-4}(K_{a1})$	3.54
			$3.5\times10^{-5}(K_{a2})$	4.46
52	1,3,5-苯三甲酸	$C_6H_3(COOH)_3$	$7.6\times10^{-3}(K_{a1})$	2.12
			$7.9\times10^{-5}(K_{a2})$	4.10
			$6.6\times10^{-6}(K_{a3})$	5.18
53	苯基六羧酸	$C_6(COOH)_6$	$2.1\times10^{-1}(K_{a1})$	0.68
			$6.2\times10^{-3}(K_{a2})$	2.21
			$3.0\times10^{-4}(K_{a3})$	3.52
			$8.1\times10^{-6}(K_{a4})$	5.09
			$4.8\times10^{-7}(K_{a5})$	6.32
			$3.2\times10^{-8}(K_{a6})$	7.49
54	癸二酸	$HOOC(CH_2)_8COOH$	$2.6\times10^{-5}(K_{a1})$	4.59
			$2.6\times10^{-6}(K_{a2})$	5.59
55	乙二胺四乙酸(EDTA)	$CH_2N(CH_2COOH)_2$ | $CH_2N(CH_2COOH)_2$	$1.0\times10^{-2}(K_{a1})$	2.0
			$2.14\times10^{-3}(K_{a2})$	2.67
			$6.92\times10^{-7}(K_{a3})$	6.16
			$5.5\times10^{-11}(K_{a4})$	10.26

无机碱在水溶液中的解离常数（25 ℃）

序号	名称	化学式	K_b	pK_b
1	氢氧化铝	$Al(OH)_3$	$1.38\times10^{-9}(K_{b3})$	8.86
2	氢氧化银	$AgOH$	1.10×10^{-4}	3.96
3	氢氧化钙	$Ca(OH)_2$	3.72×10^{-3}	2.43
			3.98×10^{-2}	1.40
4	氨水	$NH_3\cdot H_2O$	1.78×10^{-5}	4.75
5	肼(联氨)	$N_2H_4\cdot H_2O$	$9.55\times10^{-7}(K_{b1})$	6.02
			$1.26\times10^{-15}(K_{b2})$	14.9
6	羟胺	$NH_2OH\cdot H_2O$	9.12×10^{-9}	8.04
7	氢氧化铅	$Pb(OH)_2$	$9.55\times10^{-4}(K_{b1})$	3.02
			$3.0\times10^{-8}(K_{b2})$	7.52
8	氢氧化锌	$Zn(OH)_2$	9.55×10^{-4}	3.02

有机碱在水溶液中的解离常数（25 ℃）

序号	名称	化学式	K_b	pK_b
1	甲胺	CH_3NH_2	4.17×10^{-4}	3.38
2	尿素(脲)	$CO(NH_2)_2$	1.5×10^{-14}	13.82
3	乙胺	$CH_3CH_2NH_2$	4.27×10^{-4}	3.37
4	乙醇胺	$H_2N(CH_2)_2OH$	3.16×10^{-5}	4.50
5	乙二胺	$H_2N(CH_2)_2NH_2$	$8.51\times10^{-5}(K_{b1})$	4.07
			$7.08\times10^{-8}(K_{b2})$	7.15
6	二甲胺	$(CH_3)_2NH$	5.89×10^{-4}	3.23
7	三甲胺	$(CH_3)_3N$	6.31×10^{-5}	4.20
8	三乙胺	$(C_2H_5)_3N$	5.25×10^{-4}	3.28
9	丙胺	$C_3H_7NH_2$	3.70×10^{-4}	3.432
10	异丙胺	$i\text{-}C_3H_7NH_2$	4.37×10^{-4}	3.36
11	1,3-丙二胺	$NH_2(CH_2)_3NH_2$	$2.95\times10^{-4}(K_{b1})$	3.53
			$3.09\times10^{-6}(K_{b2})$	5.51
12	1,2-丙二胺	$CH_3CH(NH_2)CH_2NH_2$	$5.25\times10^{-5}(K_{b1})$	4.28
			$4.05\times10^{-8}(K_{b2})$	7.393
13	三丙胺	$(CH_3CH_2CH_2)_3N$	4.57×10^{-4}	3.34
14	三乙醇胺	$(HOCH_2CH_2)_3N$	5.75×10^{-7}	6.24
15	丁胺	$C_4H_9NH_2$	4.37×10^{-4}	3.36
16	异丁胺	$i\text{-}C_4H_9NH_2$	2.57×10^{-4}	3.59
17	叔丁胺	$t\text{-}C_4H_9NH_2$	4.84×10^{-4}	3.315
18	己胺	$H(CH_2)_6NH_2$	4.37×10^{-4}	3.36
19	辛胺	$H(CH_2)_8NH_2$	4.47×10^{-4}	3.35
20	苯胺	$C_6H_5NH_2$	3.98×10^{-10}	9.40
21	苄胺	$C_6H_5CH_2NH_2$	2.24×10^{-5}	4.65
22	环己胺	$C_6H_{11}NH_2$	4.37×10^{-4}	3.36
23	吡啶	C_5H_5N	1.48×10^{-9}	8.83
24	六亚甲基四胺	$(CH_2)_6N_4$	1.35×10^{-9}	8.87
25	2-氯酚	C_6H_5ClO	3.55×10^{-6}	5.45
26	3-氯酚	C_6H_5ClO	1.26×10^{-5}	4.90
27	4-氯酚	C_6H_5ClO	2.69×10^{-5}	4.57
28	邻氨基苯酚	$(o)H_2NC_6H_4OH$	5.2×10^{-5}	4.28
			1.9×10^{-5}	4.72
29	间氨基苯酚	$(m)H_2NC_6H_4OH$	7.4×10^{-5}	4.13
			6.8×10^{-5}	4.17

续表

序号	名称	化学式	K_b	pK_b
30	对氨基苯酚	$(p)H_2NC_6H_4OH$	2.0×10^{-4}	3.70
			3.2×10^{-6}	5.50
31	邻甲苯胺	$(o)CH_3C_6H_4NH_2$	2.82×10^{-10}	9.55
32	间甲苯胺	$(m)CH_3C_6H_4NH_2$	5.13×10^{-10}	9.29
33	对甲苯胺	$(p)CH_3C_6H_4NH_2$	1.20×10^{-9}	8.92
34	8-羟基喹啉(20 ℃)	8-HO-C_9H_6N	6.5×10^{-5}	4.19
35	二苯胺	$(C_6H_5)_2NH$	7.94×10^{-14}	13.1
36	联苯胺	$H_2NC_6H_4C_6H_4NH_2$	$5.01\times10^{-10}(K_{b1})$	9.30
			$4.27\times10^{-11}(K_{b2})$	10.37

2. 溶度积常数

化合物	溶度积	化合物	溶度积
AgAc	1.94×10^{-3}	AgOH	2.0×10^{-8}
AgBr	5.0×10^{-13}	$Al(OH)_3$(无定形)	1.3×10^{-33}
AgCl	1.8×10^{-10}	$Be(OH)_2$(无定形)	1.6×10^{-22}
AgI	8.3×10^{-17}	$Ca(OH)_2$	5.5×10^{-6}
BaF_2	1.84×10^{-7}	$Cd(OH)_2$	5.27×10^{-15}
CaF_2	5.3×10^{-9}	$Co(OH)_2$(粉红色)	1.09×10^{-15}
CuBr	5.3×10^{-9}	$Co(OH)_2$(蓝色)	5.92×10^{-15}
CuCl	1.2×10^{-6}	$Co(OH)_3$	1.6×10^{-44}
CuI	1.1×10^{-12}	$Cr(OH)_2$	2×10^{-16}
Hg_2Cl_2	1.3×10^{-18}	$Cr(OH)_3$	6.3×10^{-31}
Hg_2I_2	4.5×10^{-29}	$Cu(OH)_2$	2.2×10^{-20}
HgI_2	2.9×10^{-29}	$Fe(OH)_2$	8.0×10^{-16}
$PbBr_2$	6.60×10^{-6}	$Fe(OH)_3$	4×10^{-38}
$PbCl_2$	1.6×10^{-5}	$Mg(OH)_2$	1.8×10^{-11}
PbF_2	3.3×10^{-8}	$Mn(OH)_2$	1.9×10^{-13}
PbI_2	7.1×10^{-9}	$Ni(OH)_2$(新制备)	2.0×10^{-15}
SrF_2	4.33×10^{-9}	$Pb(OH)_2$	1.2×10^{-15}
Ag_2CO_3	8.45×10^{-12}	$Sn(OH)_2$	1.4×10^{-28}
$BaCO_3$	5.1×10^{-9}	$Sr(OH)_2$	9×10^{-4}
$CaCO_3$	3.36×10^{-9}	$Zn(OH)_2$	1.2×10^{-17}
$CdCO_3$	1.0×10^{-12}	$Ag_2C_2O_4$	5.4×10^{-12}
$CuCO_3$	1.4×10^{-10}	BaC_2O_4	1.6×10^{-7}
$FeCO_3$	3.13×10^{-11}	$CaC_2O_4\cdot H_2O$	4×10^{-9}

续表

化合物	溶度积	化合物	溶度积
Hg_2CO_3	3.6×10^{-17}	CuC_2O_4	4.43×10^{-10}
$MgCO_3$	6.82×10^{-6}	$FeC_2O_4\cdot2H_2O$	3.2×10^{-7}
$MnCO_3$	2.24×10^{-11}	$Hg_2C_2O_4$	1.75×10^{-13}
$NiCO_3$	1.42×10^{-7}	$MgC_2O_4\cdot2H_2O$	4.83×10^{-6}
$PbCO_3$	7.4×10^{-14}	$MnC_2O_4\cdot2H_2O$	1.70×10^{-7}
$SrCO_3$	5.6×10^{-10}	PbC_2O_4	8.51×10^{-10}
$ZnCO_3$	1.46×10^{-10}	$SrC_2O_4\cdot H_2O$	1.6×10^{-7}
Ag_2CrO_4	1.12×10^{-12}	$ZnC_2O_4\cdot2H_2O$	1.38×10^{-9}
$Ag_2Cr_2O_7$	2.0×10^{-7}	Ag_2SO_4	1.4×10^{-5}
$BaCrO_4$	1.2×10^{-10}	$BaSO_4$	1.1×10^{-10}
$CaCrO_4$	7.1×10^{-4}	$CaSO_4$	9.1×10^{-6}
$CuCrO_4$	3.6×10^{-6}	Hg_2SO_4	6.5×10^{-7}
Hg_2CrO_4	2.0×10^{-9}	$PbSO_4$	1.6×10^{-8}
$PbCrO_4$	2.8×10^{-13}	$SrSO_4$	3.2×10^{-7}
$SrCrO_4$	2.2×10^{-5}	Ag_3PO_4	1.4×10^{-16}
Ag_2S	6.3×10^{-50}	$AlPO_4$	6.3×10^{-19}
CdS	8.0×10^{-27}	$CaHPO_4$	1×10^{-7}
CoS(α型)	4.0×10^{-21}	$Ca_3(PO_4)_2$	2.0×10^{-29}
CoS(β型)	2.0×10^{-25}	$Cd_3(PO_4)_2$	2.53×10^{-33}
Cu_2S	2.5×10^{-48}	$Cu_3(PO_4)_2$	1.40×10^{-37}
CuS	6.3×10^{-36}	$FePO_4\cdot2H_2O$	9.91×10^{-16}
FeS	6.3×10^{-18}	$MgNH_4PO_4$	2.5×10^{-13}
HgS(黑色)	1.6×10^{-52}	$Mg_3(PO_4)_2$	1.04×10^{-24}
HgS(红色)	4×10^{-53}	$Pb_3(PO_4)_2$	8.0×10^{-43}
MnS(晶形)	2.5×10^{-13}	$Zn_3(PO_4)_2$	9.0×10^{-33}
NiS	1.07×10^{-21}	$AgBrO_3$	5.3×10^{-5}
PbS	8.0×10^{-28}	$AgIO_3$	3.0×10^{-8}
SnS	1×10^{-25}	$Cu(IO_3)_2\cdot H_2O$	7.4×10^{-8}
SnS_2	2×10^{-27}	$KHC_4H_4O_6$(酒石酸氢钾)	3×10^{-4}
ZnS	2.93×10^{-25}	Al(8-羟基喹啉)$_3$	5×10^{-33}
$[Ag^+][Ag(CN)_2^-]$	7.2×10^{-11}	$K_2Na[Co(NO_2)_6]\cdot H_2O$	2.2×10^{-11}
$Ag_4[Fe(CN)_6]$	1.6×10^{-41}	$Na(NH_4)_2[Co(NO_2)_6]$	4×10^{-12}
$Cu_2[Fe(CN)_6]$	1.3×10^{-16}	Ni(丁二酮肟)$_2$	4×10^{-24}
AgSCN	1.03×10^{-12}	Mg(8-羟基喹啉)$_2$	4×10^{-16}
CuSCN	4.8×10^{-15}	Zn(8-羟基喹啉)$_2$	5×10^{-25}

3. 配合物的稳定常数

金属-无机配位体配合物的稳定常数

序号	配位体	金属离子	配位体数目 n	$\lg\beta_n$
1	NH_3	Ag^+	1,2	3.24,7.05
		Au^{3+}	4	10.3
		Cd^{2+}	1,2,3,4,5,6	2.65,4.75,6.19,7.12,6.80,5.14
		Co^{2+}	1,2,3,4,5,6	2.11,3.74,4.79,5.55,5.73,5.11
		Co^{3+}	1,2,3,4,5,6	6.7,14.0,20.1,25.7,30.8,35.2
		Cu^+	1,2	5.93,10.86
		Cu^{2+}	1,2,3,4,5	4.31,7.98,11.02,13.32,12.86
		Fe^{2+}	1,2	1.4,2.2
		Hg^{2+}	1,2,3,4	8.8,17.5,18.5,19.28
		Mn^{2+}	1,2	0.8,1.3
		Ni^{2+}	1,2,3,4,5,6	2.80,5.04,6.77,7.96,8.71,8.74
		Pd^{2+}	1,2,3,4	9.6,18.5,26.0,32.8
		Pt^{2+}	6	35.3
		Zn^{2+}	1,2,3,4	2.37,4.81,7.31,9.46
2	Br^-	Ag^+	1,2,3,4	4.38,7.33,8.00,8.73
		Bi^{3+}	1,2,3,4,5,6	2.37,4.20,5.90,7.30,8.20,8.30
		Cd^{2+}	1,2,3,4	1.75,2.34,3.32,3.70,
		Ce^{3+}	1	0.42
		Cu^+	2	5.89
		Cu^{2+}	1	0.30
		Hg^{2+}	1,2,3,4	9.05,17.32,19.74,21.00
		In^{3+}	1,2	1.30,1.88
		Pb^{2+}	1,2,3,4	1.77,2.60,3.00,2.30
		Pd^{2+}	1,2,3,4	5.17,9.42,12.70,14.90
		Rh^{3+}	2,3,4,5,6	14.3,16.3,17.6,18.4,17.2
		Sc^{3+}	1,2	2.08,3.08
		Sn^{2+}	1,2,3	1.11,1.81,1.46
		Tl^{3+}	1,2,3,4,5,6	9.7,16.6,21.2,23.9,29.2,31.6
		U^{4+}	1	0.18
		Y^{3+}	1	1.32

续表

序号	配位体	金属离子	配位体数目 n	$\lg\beta_n$
3	Cl^-	Ag^+	1,2,4	3.04,5.04,5.30
		Bi^{3+}	1,2,3,4	2.44,4.7,5.0,5.6
		Cd^{2+}	1,2,3,4	1.95,2.50,2.60,2.80
		Co^{3+}	1	1.42
		Cu^+	2,3	5.5,5.7
		Cu^{2+}	1,2	0.1,−0.6
		Fe^{2+}	1	1.17
		Fe^{3+}	2	9.8
		Hg^{2+}	1,2,3,4	6.74,13.22,14.07,15.07
		In^{3+}	1,2,3,4	1.62,2.44,1.70,1.60
		Pb^{2+}	1,2,3	1.42,2.23,3.23
		Pd^{2+}	1,2,3,4	6.1,10.7,13.1,15.7
		Pt^{2+}	2,3,4	11.5,14.5,16.0
		Sb^{3+}	1,2,3,4	2.26,3.49,4.18,4.72
		Sn^{2+}	1,2,3,4	1.51,2.24,2.03,1.48
		Tl^{3+}	1,2,3,4	8.14,13.60,15.78,18.00
		Th^{4+}	1,2	1.38,0.38
		Zn^{2+}	1,2,3,4	0.43,0.61,0.53,0.20
		Zr^{4+}	1,2,3,4	0.9,1.3,1.5,1.2
4	CN^-	Ag^+	2,3,4	21.1,21.7,20.6
		Au^+	2	38.3
		Cd^{2+}	1,2,3,4	5.48,10.60,15.23,18.78
		Cu^+	2,3,4	24.0,28.59,30.30
		Fe^{2+}	6	35.0
		Fe^{3+}	6	42.0
		Hg^{2+}	4	41.4
		Ni^{2+}	4	31.3
		Zn^{2+}	1,2,3,4	5.3,11.70,16.70,21.60
5	F^-	Al^{3+}	1,2,3,4,5,6	6.11,11.12,15.00,18.00,19.40,19.80
		Be^{2+}	1,2,3,4	4.99,8.80,11.60,13.10
		Bi^{3+}	1	1.42
		Co^{2+}	1	0.4
		Cr^{3+}	1,2,3	4.36,8.70,11.20
		Cu^{2+}	1	0.9
		Fe^{2+}	1	0.8
		Fe^{3+}	1,2,3,5	5.28,9.30,12.06,15.77
		Ga^{3+}	1,2,3	4.49,8.00,10.50

续表

序号	配位体	金属离子	配位体数目 n	$\lg\beta_n$
5	F^-	Hf^{4+}	1,2,3,4,5,6	9.0,16.5,23.1,28.8,34.0,38.0
		Hg^{2+}	1	1.03
		In^{3+}	1,2,3,4	3.70,6.40,8.60,9.80
		Mg^{2+}	1	1.30
		Mn^{2+}	1	5.48
		Ni^{2+}	1	0.50
		Pb^{2+}	1,2	1.44,2.54
		Sb^{3+}	1,2,3,4	3.0,5.7,8.3,10.9
		Sn^{2+}	1,2,3	4.08,6.68,9.50
		Th^{4+}	1,2,3,4	8.44,15.08,19.80,23.20
		TiO^{2+}	1,2,3,4	5.4,9.8,13.7,18.0
		Zn^{2+}	1	0.78
		Zr^{4+}	1,2,3,4,5,6	9.4,17.2,23.7,29.5,33.5,38.3
6	I^-	Ag^+	1,2,3	6.58,11.74,13.68
		Bi^{3+}	1,4,5,6	3.63,14.95,16.80,18.80
		Cd^{2+}	1,2,3,4	2.10,3.43,4.49,5.41
		Cu^+	2	8.85
		Fe^{3+}	1	1.88
		Hg^{2+}	1,2,3,4	12.87,23.82,27.60,29.83
		Pb^{2+}	1,2,3,4	2.00,3.15,3.92,4.47
		Pd^{2+}	4	24.5
		Tl^+	1,2,3	0.72,0.90,1.08
		Tl^{3+}	1,2,3,4	11.41,20.88,27.60,31.82
7	OH^-	Ag^+	1,2	2.0,3.99
		Al^{3+}	1,4	9.27,33.03
		As^{3+}	1,2,3,4	14.33,18.73,20.60,21.20
		Be^{2+}	1,2,3	9.7,14.0,15.2
		Bi^{3+}	1,2,4	12.7,15.8,35.2
		Ca^{2+}	1	1.3
		Cd^{2+}	1,2,3,4	4.17,8.33,9.02,8.62
		Ce^{3+}	1	4.6
		Ce^{4+}	1,2	13.28,26.46
		Co^{2+}	1,2,3,4	4.3,8.4,9.7,10.2
		Cr^{3+}	1,2,4	10.1,17.8,29.9
		Cu^{2+}	1,2,3,4	7.0,13.68,17.00,18.5
		Fe^{2+}	1,2,3,4	5.56,9.77,9.67,8.58

续表

序号	配位体	金属离子	配位体数目 n	$\lg\beta_n$
7	OH^-	Fe^{3+}	1,2,3	11.87,21.17,29.67
		Hg^{2+}	1,2,3	10.6,21.8,20.9
		In^{3+}	1,2,3,4	10.0,20.2,29.6,38.9
		Mg^{2+}	1	2.58
		Mn^{2+}	1,3	3.9,8.3
		Ni^{2+}	1,2,3	4.97,8.55,11.33
		Pa^{4+}	1,2,3,4	14.04,27.84,40.7,51.4
		Pb^{2+}	1,2,3	7.82,10.85,14.58
		Pd^{2+}	1,2	13.0,25.8
		Sb^{3+}	2,3,4	24.3,36.7,38.3
		Sc^{3+}	1	8.9
		Sn^{2+}	1	10.4
		Th^{3+}	1,2	12.86,25.37
		Ti^{3+}	1	12.71
		Zn^{2+}	1,2,3,4	4.40,11.30,14.14,17.66
		Zr^{4+}	1,2,3,4	14.3,28.3,41.9,55.3
8	NO_3^-	Ba^{2+}	1	0.92
		Bi^{3+}	1	1.26
		Ca^{2+}	1	0.28
		Cd^{2+}	1	0.40
		Fe^{3+}	1	1.0
		Hg^{2+}	1	0.35
		Pb^{2+}	1	1.18
		Tl^{+}	1	0.33
		Tl^{3+}	1	0.92
9	$P_2O_7^{4-}$	Ba^{2+}	1	4.6
		Ca^{2+}	1	4.6
		Cd^{3+}	1	5.6
		Co^{2+}	1	6.1
		Cu^{2+}	1,2	6.7,9.0
		Hg^{2+}	2	12.38
		Mg^{2+}	1	5.7
		Ni^{2+}	1,2	5.8,7.4
		Pb^{2+}	1,2	7.3,10.15
		Zn^{2+}	1,2	8.7,11.0

续表

序号	配位体	金属离子	配位体数目 n	$\lg\beta_n$
10	SCN^-	Ag^+	1,2,3,4	4.6,7.57,9.08,10.08
		Bi^{3+}	1,2,3,4,5,6	1.67,3.00,4.00,4.80,5.50,6.10
		Cd^{2+}	1,2,3,4	1.39,1.98,2.58,3.6
		Cr^{3+}	1,2	1.87,2.98
		Cu^+	1,2	12.11,5.18
		Cu^{2+}	1,2	1.90,3.00
		Fe^{3+}	1,2,3,4,5,6	2.21,3.64,5.00,6.30,6.20,6.10
		Hg^{2+}	1,2,3,4	9.08,16.86,19.70,21.70
		Ni^{2+}	1,2,3	1.18,1.64,1.81
		Pb^{2+}	1,2,3	0.78,0.99,1.00
		Sn^{2+}	1,2,3	1.17,1.77,1.74
		Th^{4+}	1,2	1.08,1.78
		Zn^{2+}	1,2,3,4	1.33,1.91,2.00,1.60
11	$S_2O_3^{2-}$	Ag^+	1,2	8.82,13.46
		Cd^{2+}	1,2	3.92,6.44
		Cu^+	1,2,3	10.27,12.22,13.84
		Fe^{3+}	1	2.10
		Hg^{2+}	2,3,4	29.44,31.90,33.24
		Pb^{2+}	2,3	5.13,6.35
12	SO_4^{2-}	Ag^+	1	1.3
		Ba^{2+}	1	2.7
		Bi^{3+}	1,2,3,4,5	1.98,3.41,4.08,4.34,4.60
		Fe^{3+}	1,2	4.04,5.38
		Hg^{2+}	1,2	1.34,2.40
		In^{3+}	1,2,3	1.78,1.88,2.36
		Ni^{2+}	1	2.4
		Pb^{2+}	1	2.75
		Pr^{3+}	1,2	3.62,4.92
		Th^{4+}	1,2	3.32,5.50
		Zr^{4+}	1,2,3	3.79,6.64,7.77

金属-有机配位体配合物的稳定常数

序号	配位体	金属离子	配位体数目 n	$\lg\beta_n$
1	乙二胺四乙酸(EDTA) $[(HOOCCH_2)_2NCH_2]_2$	Ag^+	1	7.32
		Al^{3+}	1	16.11
		Ba^{2+}	1	7.78
		Be^{2+}	1	9.3
		Bi^{3+}	1	22.8
		Ca^{2+}	1	11.0
		Cd^{2+}	1	16.4
		Co^{2+}	1	16.31
		Co^{3+}	1	36.0
		Cr^{3+}	1	23.0
		Cu^{2+}	1	18.7
		Fe^{2+}	1	14.83
		Fe^{3+}	1	24.23
		Ga^{3+}	1	20.25
		Hg^{2+}	1	21.80
		In^{3+}	1	24.95
		Li^+	1	2.79
		Mg^{2+}	1	8.64
		Mn^{2+}	1	13.8
		Mo(Ⅴ)	1	6.36
		Na^+	1	1.66
		Ni^{2+}	1	18.56
		Pb^{2+}	1	18.3
		Pd^{2+}	1	18.5
		Sc^{2+}	1	23.1
		Sn^{2+}	1	22.1
		Sr^{2+}	1	8.80
		Th^{4+}	1	23.2
		TiO^{2+}	1	17.3
		Tl^{3+}	1	22.5
		U^{4+}	1	17.50
		VO^{2+}	1	18.0
		Y^{3+}	1	18.32
		Zn^{2+}	1	16.4
		Zr^{4+}	1	19.4

续表

序号	配位体	金属离子	配位体数目 n	$\lg\beta_n$
2	乙酸 (acetic acid) CH_3COOH	Ag^+	1,2	0.73,0.64
		Ba^{2+}	1	0.41
		Ca^{2+}	1	0.6
		Cd^{2+}	1,2,3	1.5,2.3,2.4
		Ce^{3+}	1,2,3,4	1.68,2.69,3.13,3.18
		Co^{2+}	1,2	1.5,1.9
		Cr^{3+}	1,2,3	4.63,7.08,9.60
		Cu^{2+}(20 ℃)	1,2	2.16,3.20
		In^{3+}	1,2,3,4	3.50,5.95,7.90,9.08
		Mn^{2+}	1,2	9.84,2.06
		Ni^{2+}	1,2	1.12,1.81
		Pb^{2+}	1,2,3,4	2.52,4.0,6.4,8.5
		Sn^{2+}	1,2,3	3.3,6.0,7.3
		Tl^{3+}	1,2,3,4	6.17,11.28,15.10,18.3
		Zn^{2+}	1	1.5
3	乙酰丙酮 (acetyl acetone) $CH_3COCH_2COCH_3$	Al^{3+}(30 ℃)	1,2	8.6,15.5
		Cd^{2+}	1,2	3.84,6.66
		Co^{2+}	1,2	5.40,9.54
		Cr^{2+}	1,2	5.96,11.7
		Cu^{2+}	1,2	8.27,16.34
		Fe^{2+}	1,2	5.07,8.67
		Fe^{3+}	1,2,3	11.4,22.1,26.7
		Hg^{2+}	2	21.5
		Mg^{2+}	1,2	3.65,6.27
		Mn^{2+}	1,2	4.24,7.35
		Mn^{3+}	3	3.86
		Ni^{2+}(20 ℃)	1,2,3	6.06,10.77,13.09
		Pb^{2+}	2	6.32
		Pd^{2+}(30 ℃)	1,2	16.2,27.1
		Th^{4+}	1,2,3,4	8.8,16.2,22.5,26.7
		Ti^{3+}	1,2,3	10.43,18.82,24.90
		V^{2+}	1,2,3	5.4,10.2,14.7
		Zn^{2+}(30 ℃)	1,2	4.98,8.81
		Zr^{4+}	1,2,3,4	8.4,16.0,23.2,30.1

续表

序号	配位体	金属离子	配位体数目 n	$\lg\beta_n$
4	草酸(oxalic acid) HOOCCOOH	Ag^{+}	1	2.41
		Al^{3+}	1,2,3	7.26,13.0,16.3
		Ba^{2+}	1	2.31
		Ca^{2+}	1	3.0
		Cd^{2+}	1,2	3.52,5.77
		Co^{2+}	1,2,3	4.79,6.7,9.7
		Cu^{2+}	1,2	6.23,10.27
		Fe^{2+}	1,2,3	2.9,4.52,5.22
		Fe^{3+}	1,2,3	9.4,16.2,20.2
		Hg^{2+}	1	9.66
		Hg_2^{2+}	2	6.98
		Mg^{2+}	1,2	3.43,4.38
		Mn^{2+}	1,2	3.97,5.80
		Mn^{3+}	1,2,3	9.98,16.57,19.42
		Ni^{2+}	1,2,3	5.3,7.64,约 8.5
		Pb^{2+}	1,2	4.91,6.76
		Sc^{3+}	1,2,3,4	6.86,11.31,14.32,16.70
		Th^{4+}	4	24.48
		Zn^{2+}	1,2,3	4.89,7.60,8.15
		Zr^{4+}	1,2,3,4	9.80,17.14,20.86,21.15
5	乳酸 (lactic acid) $CH_3CH(OH)COOH$	Ba^{2+}	1	0.64
		Ca^{2+}	1	1.42
		Cd^{2+}	1	1.70
		Co^{2+}	1	1.90
		Cu^{2+}	1,2	3.02,4.85
		Fe^{3+}	1	7.1
		Mg^{2+}	1	1.37
		Mn^{2+}	1	1.43
		Ni^{2+}	1	2.22
		Pb^{2+}	1,2	2.40,3.80
		Sc^{2+}	1	5.2
		Th^{4+}	1	5.5
		Zn^{2+}	1,2	2.20,3.75

续表

序号	配位体	金属离子	配位体数目 n	$\lg\beta_n$
6	水杨酸 (salicylic acid) $C_6H_4(OH)COOH$	Al^{3+}	1	14.11
		Cd^{2+}	1	5.55
		Co^{2+}	1,2	6.72,11.42
		Cr^{2+}	1,2	8.4,15.3
		Cu^{2+}	1,2	10.60,18.45
		Fe^{2+}	1,2	6.55,11.25
		Mn^{2+}	1,2	5.90,9.80
		Ni^{2+}	1,2	6.95,11.75
		Th^{4+}	1,2,3,4	4.25,7.60,10.05,11.60
		TiO^{2+}	1	6.09
		V^{2+}	1	6.3
		Zn^{2+}	1	6.85
7	磺基水杨酸 (5-sulfosalicylic acid) $HO_3SC_6H_3(OH)COOH$	Al^{3+}(0.1mol/L)	1,2,3	13.20,22.83,28.89
		Be^{2+}(0.1mol/L)	1,2	11.71,20.81
		Cd^{2+}(0.1mol/L)	1,2	16.68,29.08
		Co^{2+}(0.1mol/L)	1,2	6.13,9.82
		Cr^{3+}(0.1mol/L)	1	9.56
		Cu^{2+}(0.1mol/L)	1,2	9.52,16.45
		Fe^{2+}(0.1mol/L)	1,2	5.9,9.9
		Fe^{3+}(0.1mol/L)	1,2,3	14.64,25.18,32.12
		Mn^{2+}(0.1mol/L)	1,2	5.24,8.24
		Ni^{2+}(0.1mol/L)	1,2	6.42,10.24
		Zn^{2+}(0.1mol/L)	1,2	6.05,10.65
8	酒石酸 (tartaric acid) $[HOOCCH(OH)]_2$	Ba^{2+}	2	1.62
		Bi^{3+}	3	8.30
		Ca^{2+}	1,2	2.98,9.01
		Cd^{2+}	1	2.8
		Co^{2+}	1	2.1
		Cu^{2+}	1,2,3,4	3.2,5.11,4.78,6.51
		Fe^{3+}	1	7.49
		Hg^{2+}	1	7.0
		Mg^{2+}	2	1.36
		Mn^{2+}	1	2.49
		Ni^{2+}	1	2.06
		Pb^{2+}	1,3	3.78,4.7
		Sn^{2+}	1	5.2
		Zn^{2+}	1,2	2.68,8.32

续表

序号	配位体	金属离子	配位体数目 n	$\lg\beta_n$
9	丁二酸 (butanedioic acid) $HOOCCH_2CH_2COOH$	Ba^{2+}	1	2.08
		Be^{2+}	1	3.08
		Ca^{2+}	1	2.0
		Cd^{2+}	1	2.2
		Co^{2+}	1	2.22
		Cu^{2+}	1	3.33
		Fe^{3+}	1	7.49
		Hg^{2+}	2	7.28
		Mg^{2+}	1	1.20
		Mn^{2+}	1	2.26
		Ni^{2+}	1	2.36
		Pb^{2+}	1	2.8
		Zn^{2+}	1	1.6
10	硫脲 (thiourea) $H_2NC(=S)NH_2$	Ag^{+}	1,2	7.4,13.1
		Bi^{3+}	6	11.9
		Cd^{2+}	1,2,3,4	0.6,1.6,2.6,4.6
		Cu^{+}	3,4	13.0,15.4
		Hg^{2+}	2,3,4	22.1,24.7,26.8
		Pb^{2+}	1,2,3,4	1.4,3.1,4.7,8.3
11	乙二胺 (ethyoenediamine) $H_2NCH_2CH_2NH_2$	Ag^{+}	1,2	4.70,7.70
		Cd^{2+}(20 ℃)	1,2,3	5.47,10.09,12.09
		Co^{2+}	1,2,3	5.91,10.64,13.94
		Co^{3+}	1,2,3	18.7,34.9,48.69
		Cr^{2+}	1,2	5.15,9.19
		Cu^{+}	2	10.8
		Cu^{2+}	1,2,3	10.67,20.0,21.0
		Fe^{2+}	1,2,3	4.34,7.65,9.70
		Hg^{2+}	1,2	14.3,23.3
		Mg^{2+}	1	0.37
		Mn^{2+}	1,2,3	2.73,4.79,5.67
		Ni^{2+}	1,2,3	7.52,13.84,18.33
		Pd^{2+}	2	26.90
		V^{2+}	1,2	4.6,7.5
		Zn^{2+}	1,2,3	5.77,10.83,14.11

续表

序号	配位体	金属离子	配位体数目 n	$\lg\beta_n$
12	吡啶 (pyridine) C_5H_5N	Ag^+	1,2	1.97,4.35
		Cd^{2+}	1,2,3,4	1.40,1.95,2.27,2.50
		Co^{2+}	1,2	1.14,1.54
		Cu^{2+}	1,2,3,4	2.59,4.33,5.93,6.54
		Fe^{2+}	1	0.71
		Hg^{2+}	1,2,3	5.1,10.0,10.4
		Mn^{2+}	1,2,3,4	1.92,2.77,3.37,3.50
		Zn^{2+}	1,2,3,4	1.41,1.11,1.61,1.93
13	甘氨酸 (glycine) H_2NCH_2COOH	Ag^+	1,2	3.41,6.89
		Ba^{2+}	1	0.77
		Ca^{2+}	1	1.38
		Cd^{2+}	1,2	4.74,8.60
		Co^{2+}	1,2,3	5.23,9.25,10.76
		Cu^{2+}	1,2,3	8.60,15.54,16.27
		Fe^{2+}(20 ℃)	1,2	4.3,7.8
		Hg^{2+}	1,2	10.3,19.2
		Mg^{2+}	1,2	3.44,6.46
		Mn^{2+}	1,2	3.6,6.6
		Ni^{2+}	1,2,3	6.18,11.14,15.0
		Pb^{2+}	1,2	5.47,8.92
		Pd^{2+}	1,2	9.12,17.55
		Zn^{2+}	1,2	5.52,9.96
14	2-甲基-8-羟基喹啉 (50%二噁烷) (8-hydroxy-2-methyl quinoline)	Cd^{2+}	1,2,3	9.00,9.00,16.60
		Ce^{3+}	1	7.71
		Co^{2+}	1,2	9.63,18.50
		Cu^{2+}	1,2	12.48,24.00
		Fe^{2+}	1,2	8.75,17.10
		Mg^{2+}	1,2	5.24,9.64
		Mn^{2+}	1,2	7.44,13.99
		Ni^{2+}	1,2	9.41,17.76
		Pb^{2+}	1,2	10.30,18.50
		UO_2^{2+}	1,2	9.4,17.0
		Zn^{2+}	1,2	9.82,18.72

注：络合反应的平衡常数用配合物稳定常数表示，又称配合物形成常数。此常数值越大，说明形成的配合物越稳定。其倒数用来表示配合物的解离程度，称为配合物的不稳定常数。以上表格中，除特别说明外是在 25 ℃下，离子强度 $I=0$（或 $I\approx0$）。表中 β_n 表示累积稳定常数。

EDTA 的 $\lg\alpha_{Y(H)}$ 值

pH	$\lg\alpha_{Y(H)}$	pH	$\lg\alpha_{Y(H)}$	pH	$\lg\alpha_{Y(H)}$	pH	$\lg\alpha_{Y(H)}$	pH	$\lg\alpha_{Y(H)}$
0.0	23.64	2.5	11.90	5.0	6.45	7.5	2.78	10.0	0.45
0.1	23.06	2.6	11.62	5.1	6.26	7.6	2.68	10.1	0.39
0.2	22.47	2.7	11.35	5.2	6.07	7.7	2.57	10.2	0.33
0.3	21.89	2.8	11.09	5.3	5.88	7.8	2.47	10.3	0.28
0.4	21.32	2.9	10.84	5.4	5.69	7.9	2.37	10.4	0.24
0.5	20.75	3.0	10.60	5.5	5.51	8.0	2.27	10.5	0.20
0.6	20.18	3.1	10.37	5.6	5.33	8.1	2.17	10.6	0.16
0.7	19.62	3.2	10.14	5.7	5.15	8.2	2.07	10.7	0.13
0.8	19.08	3.3	9.92	5.8	4.98	8.3	1.97	10.8	0.11
0.9	18.54	3.4	9.70	5.9	4.81	8.4	1.87	10.9	0.09
1.0	18.01	3.5	9.48	6.0	4.65	8.5	1.77	11.0	0.07
1.1	17.49	3.6	9.27	6.1	4.49	8.6	1.67	11.1	0.06
1.2	16.98	3.7	9.06	6.2	4.34	8.7	1.57	11.2	0.05
1.3	16.49	3.8	8.85	6.3	4.20	8.8	1.48	11.3	0.04
1.4	16.02	3.9	8.65	6.4	4.06	8.9	1.38	11.4	0.03
1.5	15.55	4.0	8.44	6.5	3.92	9.0	1.28	11.5	0.02
1.6	15.11	4.1	8.24	6.6	3.79	9.1	1.19	11.6	0.02
1.7	14.68	4.2	8.04	6.7	3.67	9.2	1.10	11.7	0.02
1.8	14.27	4.3	7.84	6.8	3.55	9.3	1.01	11.8	0.01
1.9	13.88	4.4	7.64	6.9	3.43	9.4	0.92	11.9	0.01
2.0	13.51	4.5	7.44	7.0	3.32	9.5	0.83	12.0	0.01
2.1	13.16	4.6	7.24	7.1	3.21	9.6	0.75	12.1	0.01
2.2	12.82	4.7	7.04	7.2	3.10	9.7	0.67	12.2	0.005
2.3	12.50	4.8	6.84	7.3	2.99	9.8	0.59	13.0	0.0008
2.4	12.19	4.9	6.65	7.4	2.88	9.9	0.52	13.9	0.0001

附录五　标准电极电势

序号	电极过程	$E_A^\ominus$/V
1	$Ag^+ + e^- = Ag$	0.7996
2	$Ag^{2+} + e^- = Ag^+$	1.980
3	$AgBr + e^- = Ag + Br^-$	0.0713

续表

序号	电极过程	$E_A^{\ominus}/V$
4	$AgBrO_3+e^- = Ag+BrO_3^-$	0.546
5	$AgCl+e^- = Ag+Cl^-$	0.222
6	$AgCN+e^- = Ag+CN^-$	−0.017
7	$Ag_2CO_3+2e^- = 2Ag+CO_3^{2-}$	0.470
8	$Ag_2C_2O_4+2e^- = 2Ag+C_2O_4^{2-}$	0.465
9	$Ag_2CrO_4+2e^- = 2Ag+CrO_4^{2-}$	0.447
10	$AgF+e^- = Ag+F^-$	0.779
11	$Ag_4[Fe(CN)_6]+4e^- = 4Ag+[Fe(CN)_6]^{4-}$	0.148
12	$AgI+e^- = Ag+I^-$	−0.152
13	$AgIO_3+e^- = Ag+IO_3^-$	0.354
14	$Ag_2MoO_4+2e^- = 2Ag+MoO_4^{2-}$	0.457
15	$[Ag(NH_3)_2]^++e^- = Ag+2NH_3$	0.373
16	$AgNO_2+e^- = Ag+NO_2^-$	0.564
17	$Ag_2O+H_2O+2e^- = 2Ag+2OH^-$	0.342
18	$2AgO+H_2O+2e^- = Ag_2O+2OH^-$	0.607
19	$Ag_2S+2e^- = 2Ag+S^{2-}$	−0.691
20	$Ag_2S+2H^++2e^- = 2Ag+H_2S$	−0.0366
21	$AgSCN+e^- = Ag+SCN^-$	0.0895
22	$Ag_2SeO_4+2e^- = 2Ag+SeO_4^{2-}$	0.363
23	$Ag_2SO_4+2e^- = 2Ag+SO_4^{2-}$	0.654
24	$Ag_2WO_4+2e^- = 2Ag+WO_4^{2-}$	0.466
25	$Al^{3+}+3e^- = Al$	−1.662
26	$AlF_6^{3-}+3e^- = Al+6F^-$	−2.069
27	$Al(OH)_3+3e^- = Al+3OH^-$	−2.31
28	$AlO_2^-+2H_2O+3e^- = Al+4OH^-$	−2.35
29	$AmO_2^{2+}+4H^++3e^- = Am^{3+}+2H_2O$	1.75
30	$As+3H^++3e^- = AsH_3$	−0.608
31	$As+3H_2O+3e^- = AsH_3+3OH^-$	−1.37
32	$As_2O_3+6H^++6e^- = 2As+3H_2O$	0.234
33	$HAsO_2+3H^++3e^- = As+2H_2O$	0.248
34	$AsO_2^-+2H_2O+3e^- = As+4OH^-$	−0.68
35	$H_3AsO_4+2H^++2e^- = HAsO_2+2H_2O$	0.560
36	$AsO_4^{3-}+2H_2O+2e^- = AsO_2^-+4OH^-$	−0.71

续表

序号	电极过程	$E_A^{\ominus}/V$
37	$AsS_2^- + 3e^- = As + 2S^{2-}$	−0.75
38	$AsS_4^{3-} + 2e^- = AsS_2^- + 2S^{2-}$	−0.60
39	$Au^+ + e^- = Au$	1.692
40	$Au^{3+} + 3e^- = Au$	1.498
41	$Au^{3+} + 2e^- = Au^+$	1.401
42	$AuBr_2^- + e^- = Au + 2Br^-$	0.959
43	$AuBr_4^- + 3e^- = Au + 4Br^-$	0.854
44	$AuCl_2^- + e^- = Au + 2Cl^-$	1.15
45	$AuCl_4^- + 3e^- = Au + 4Cl^-$	1.002
46	$AuI + e^- = Au + I^-$	0.50
47	$Au(SCN)_4^- + 3e^- = Au + 4SCN^-$	0.66
48	$Au(OH)_3 + 3H^+ + 3e^- = Au + 3H_2O$	1.45
49	$BF_4^- + 3e^- = B + 4F^-$	−1.04
50	$H_2BO_3^- + H_2O + 3e^- = B + 4OH^-$	−1.79
51	$B(OH)_3 + 7H^+ + 8e^- = BH_4^- + 3H_2O$	−0.481
52	$Ba^{2+} + 2e^- = Ba$	−2.912
53	$Ba(OH)_2 + 2e^- = Ba + 2OH^-$	−2.99
54	$Be^{2+} + 2e^- = Be$	−1.847
55	$Be_2O_3^{2-} + 3H_2O + 4e^- = 2Be + 6OH^-$	−2.63
56	$Bi^+ + e^- = Bi$	0.5
57	$Bi^{3+} + 3e^- = Bi$	0.308
58	$BiCl_4^- + 3e^- = Bi + 4Cl^-$	0.16
59	$BiOCl + 2H^+ + 3e^- = Bi + Cl^- + H_2O$	0.16
60	$Bi_2O_3 + 3H_2O + 6e^- = 2Bi + 6OH^-$	−0.46
61	$Bi_2O_4 + 4H^+ + 2e^- = 2BiO^+ + 2H_2O$	1.593
62	$Bi_2O_4 + H_2O + 2e^- = Bi_2O_3 + 2OH^-$	0.56
63	$Br_2(aq.) + 2e^- = 2Br^-$	1.087
64	$Br_2(l) + 2e^- = 2Br^-$	1.066
65	$BrO^- + H_2O + 2e^- = Br^- + 2OH^-$	0.761
66	$BrO_3^- + 6H^+ + 6e^- = Br^- + 3H_2O$	1.423
67	$BrO_3^- + 3H_2O + 6e^- = Br^- + 6OH^-$	0.61
68	$2BrO_3^- + 12H^+ + 10e^- = Br_2 + 6H_2O$	1.482
69	$HBrO + H^+ + 2e^- = Br^- + H_2O$	1.331

续表

序号	电极过程	$E_A^\ominus$/V
70	$2HBrO+2H^++2e^-=Br_2(aq.)+2H_2O$	1.574
71	$CH_3OH+2H^++2e^-=CH_4+H_2O$	0.59
72	$HCHO+2H^++2e^-=CH_3OH$	0.19
73	$CH_3COOH+2H^++2e^-=CH_3CHO+H_2O$	−0.12
74	$(CN)_2+2H^++2e^-=2HCN$	0.373
75	$(CNS)_2+2e^-=2CNS^-$	0.77
76	$CO_2+2H^++2e^-=CO+H_2O$	−0.12
77	$CO_2+2H^++2e^-=HCOOH$	−0.199
78	$Ca^{2+}+2e^-=Ca$	−2.868
79	$Ca(OH)_2+2e^-=Ca+2OH^-$	−3.02
80	$Cd^{2+}+2e^-=Cd$	−0.403
81	$Cd^{2+}+2e^-=Cd(Hg)$	−0.352
82	$Cd(CN)_4^{2-}+2e^-=Cd+4CN^-$	−1.09
83	$CdO+H_2O+2e^-=Cd+2OH^-$	−0.783
84	$CdS+2e^-=Cd+S^{2-}$	−1.17
85	$CdSO_4+2e^-=Cd+SO_4^{2-}$	−0.246
86	$Ce^{3+}+3e^-=Ce$	−2.336
87	$Ce^{3+}+3e^-=Ce(Hg)$	−1.437
88	$CeO_2+4H^++e^-=Ce^{3+}+2H_2O$	1.4
89	$Cl_2(g)+2e^-=2Cl^-$	1.358
90	$ClO^-+H_2O+2e^-=Cl^-+2OH^-$	0.89
91	$HClO+H^++2e^-=Cl^-+H_2O$	1.482
92	$2HClO+2H^++2e^-=Cl_2+2H_2O$	1.611
93	$ClO_2^-+2H_2O+4e^-=Cl^-+4OH^-$	0.76
94	$2ClO_3^-+12H^++10e^-=Cl_2+6H_2O$	1.47
95	$ClO_3^-+6H^++6e^-=Cl^-+3H_2O$	1.451
96	$ClO_3^-+3H_2O+6e^-=Cl^-+6OH^-$	0.62
97	$ClO_4^-+8H^++8e^-=Cl^-+4H_2O$	1.38
98	$2ClO_4^-+16H^++14e^-=Cl_2+8H_2O$	1.39
99	$Co^{2+}+2e^-=Co$	−0.28
100	$[Co(NH_3)_6]^{3+}+e^-=[Co(NH_3)_6]^{2+}$	0.108
101	$[Co(NH_3)_6]^{2+}+2e^-=Co+6NH_3$	−0.43
102	$Co(OH)_2+2e^-=Co+2OH^-$	−0.73

续表

序号	电极过程	$E_A^\ominus/V$
103	$Co(OH)_3+e^- = Co(OH)_2+OH^-$	0.17
104	$Cr^{2+}+2e^- = Cr$	−0.913
105	$Cr^{3+}+e^- = Cr^{2+}$	−0.407
106	$Cr^{3+}+3e^- = Cr$	−0.744
107	$[Cr(CN)_6]^{3-}+e^- = [Cr(CN)_6]^{4-}$	−1.28
108	$Cr(OH)_3+3e^- = Cr+3OH^-$	−1.48
109	$Cr_2O_7^{2-}+14H^++6e^- = 2Cr^{3+}+7H_2O$	1.232
110	$CrO_2^-+2H_2O+3e^- = Cr+4OH^-$	−1.2
111	$HCrO_4^-+7H^++3e^- = Cr^{3+}+4H_2O$	1.350
112	$CrO_4^{2-}+4H_2O+3e^- = Cr(OH)_3+5OH^-$	−0.13
113	$Cs^++e^- = Cs$	−2.92
114	$Cu^++e^- = Cu$	0.521
115	$Cu^{2+}+2e^- = Cu$	0.342
116	$Cu^{2+}+2e^- = Cu(Hg)$	0.345
117	$Cu^{2+}+Br^-+e^- = CuBr$	0.66
118	$Cu^{2+}+Cl^-+e^- = CuCl$	0.57
119	$Cu^{2+}+I^-+e^- = CuI$	0.86
120	$Cu^{2+}+2CN^-+e^- = [Cu(CN)_2]^-$	1.103
121	$CuBr_2^-+e^- = Cu+2Br^-$	0.05
122	$CuCl_2^-+e^- = Cu+2Cl^-$	0.19
123	$CuI_2^-+e^- = Cu+2I^-$	0.00
124	$Cu_2O+H_2O+2e^- = 2Cu+2OH^-$	−0.360
125	$Cu(OH)_2+2e^- = Cu+2OH^-$	−0.222
126	$2Cu(OH)_2+2e^- = Cu_2O+2OH^-+H_2O$	−0.080
127	$CuS+2e^- = Cu+S^{2-}$	−0.70
128	$CuSCN+e^- = Cu+SCN^-$	−0.27
129	$Dy^{2+}+2e^- = Dy$	−2.2
130	$Dy^{3+}+3e^- = Dy$	−2.295
131	$Er^{2+}+2e^- = Er$	−2.0
132	$Er^{3+}+3e^- = Er$	−2.331
133	$Es^{2+}+2e^- = Es$	−2.23
134	$Es^{3+}+3e^- = Es$	−1.91
135	$Eu^{2+}+2e^- = Eu$	−2.812

续表

序号	电极过程	$E_A^\ominus$/V
136	$Eu^{3+}+3e^-$ ══ Eu	−1.991
137	$F_2+2H^++2e^-$ ══ $2HF$	3.053
138	$F_2O+2H^++4e^-$ ══ H_2O+2F^-	2.153
139	$Fe^{2+}+2e^-$ ══ Fe	−0.447
140	$Fe^{3+}+3e^-$ ══ Fe	−0.037
141	$[Fe(CN)_6]^{3-}+e^-$ ══ $[Fe(CN)_6]^{4-}$	0.358
142	$[Fe(CN)_6]^{4-}+2e^-$ ══ $Fe+6CN^-$	−1.5
143	$FeF_6^{3-}+e^-$ ══ $Fe^{2+}+6F^-$	0.4
144	$Fe(OH)_2+2e^-$ ══ $Fe+2OH^-$	−0.877
145	$Fe(OH)_3+e^-$ ══ $Fe(OH)_2+OH^-$	−0.56
146	$Fe_3O_4+8H^++2e^-$ ══ $3Fe^{2+}+4H_2O$	1.23
147	$Fm^{3+}+3e^-$ ══ Fm	−1.89
148	Fr^++e^- ══ Fr	−2.9
149	$Ga^{3+}+3e^-$ ══ Ga	−0.549
150	$H_2GaO_3^-+H_2O+3e^-$ ══ $Ga+4OH^-$	−1.29
151	$Gd^{3+}+3e^-$ ══ Gd	−2.279
152	$Ge^{2+}+2e^-$ ══ Ge	0.24
153	$Ge^{4+}+2e^-$ ══ Ge^{2+}	0.00
154	$GeO_2+2H^++2e^-$ ══ GeO(棕色)$+H_2O$	−0.118
155	$GeO_2+2H^++2e^-$ ══ GeO(黄色)$+H_2O$	−0.273
156	$H_2GeO_3+4H^++4e^-$ ══ $Ge+3H_2O$	−0.182
157	$2H^++2e^-$ ══ H_2	0.00
158	H_2+2e^- ══ $2H^-$	−2.25
159	$2H_2O+2e^-$ ══ H_2+2OH^-	−0.8277
160	$Hf^{4+}+4e^-$ ══ Hf	−1.55
161	$Hg^{2+}+2e^-$ ══ Hg	0.851
162	$Hg_2^{2+}+2e^-$ ══ $2Hg$	0.797
163	$2Hg^{2+}+2e^-$ ══ Hg_2^{2+}	0.920
164	$Hg_2Br_2+2e^-$ ══ $2Hg+2Br^-$	0.1392
165	$HgBr_4^{2-}+2e^-$ ══ $Hg+4Br^-$	0.21
166	$Hg_2Cl_2+2e^-$ ══ $2Hg+2Cl^-$	0.2681
167	$2HgCl_2+2e^-$ ══ $Hg_2Cl_2+2Cl^-$	0.63
168	$Hg_2CrO_4+2e^-$ ══ $2Hg+CrO_4^{2-}$	0.54

续表

序号	电极过程	$E_A^\ominus$/V
169	$Hg_2I_2+2e^-=2Hg+2I^-$	−0.0405
170	$Hg_2O+H_2O+2e^-=2Hg+2OH^-$	0.123
171	$HgO+H_2O+2e^-=Hg+2OH^-$	0.0977
172	HgS(红色)$+2e^-=Hg+S^{2-}$	−0.70
173	HgS(黑色)$+2e^-=Hg+S^{2-}$	−0.67
174	$Hg_2(SCN)_2+2e^-=2Hg+2SCN^-$	0.22
175	$Hg_2SO_4+2e^-=2Hg+SO_4^{2-}$	0.613
176	$I_2+2e^-=2I^-$	0.5355
177	$I_3^-+2e^-=3I^-$	0.536
178	$2IBr+2e^-=I_2+2Br^-$	1.02
179	$ICN+2e^-=I^-+CN^-$	0.30
180	$2HIO+2H^++2e^-=I_2+2H_2O$	1.439
181	$HIO+H^++2e^-=I^-+H_2O$	0.987
182	$IO^-+H_2O+2e^-=I^-+2OH^-$	0.485
183	$2IO_3^-+12H^++10e^-=I_2+6H_2O$	1.195
184	$IO_3^-+6H^++6e^-=I^-+3H_2O$	1.085
185	$IO_3^-+2H_2O+4e^-=IO^-+4OH^-$	0.15
186	$IO_3^-+3H_2O+6e^-=I^-+6OH^-$	0.26
187	$2IO_3^-+6H_2O+10e^-=I_2+12OH^-$	0.21
188	$H_5IO_6+H^++2e^-=IO_3^-+3H_2O$	1.601
189	$In^++e^-=In$	−0.14
190	$In^{3+}+3e^-=In$	−0.338
191	$In(OH)_3+3e^-=In+3OH^-$	−0.99
192	$Ir^{3+}+3e^-=Ir$	1.156
193	$IrBr_6^{2-}+e^-=IrBr_6^{3-}$	0.99
194	$IrCl_6^{2-}+e^-=IrCl_6^{3-}$	0.867
195	$K^++e^-=K$	−2.931
196	$La^{3+}+3e^-=La$	−2.379
197	$La(OH)_3+3e^-=La+3OH^-$	−2.90
198	$Li^++e^-=Li$	−3.040
199	$Lr^{3+}+3e^-=Lr$	−1.96
200	$Lu^{3+}+3e^-=Lu$	−2.28
201	$Md^{2+}+2e^-=Md$	−2.40

续表

序号	电极过程	$E_A^{\ominus}/V$
202	$Md^{3+}+3e^- = Md$	−1.65
203	$Mg^{2+}+2e^- = Mg$	−2.372
204	$Mg(OH)_2+2e^- = Mg+2OH^-$	−2.690
205	$Mn^{2+}+2e^- = Mn$	−1.185
206	$Mn^{3+}+3e^- = Mn$	1.542
207	$MnO_2+4H^++2e^- = Mn^{2+}+2H_2O$	1.224
208	$MnO_4^-+4H^++3e^- = MnO_2+2H_2O$	1.679
209	$MnO_4^-+8H^++5e^- = Mn^{2+}+4H_2O$	1.507
210	$MnO_4^-+2H_2O+3e^- = MnO_2+4OH^-$	0.595
211	$Mn(OH)_2+2e^- = Mn+2OH^-$	−1.56
212	$Mo^{3+}+3e^- = Mo$	−0.200
213	$MoO_4^{2-}+4H_2O+6e^- = Mo+8OH^-$	−1.05
214	$N_2+2H_2O+6H^++6e^- = 2NH_4OH$	0.092
215	$2NH_3OH^++H^++2e^- = N_2H_5^++2H_2O$	1.42
216	$2NO+H_2O+2e^- = N_2O+2OH^-$	0.76
217	$2HNO_2+4H^++4e^- = N_2O+3H_2O$	1.297
218	$NO_3^-+3H^++2e^- = HNO_2+H_2O$	0.934
219	$NO_3^-+H_2O+2e^- = NO_2^-+2OH^-$	0.01
220	$2NO_3^-+2H_2O+2e^- = N_2O_4+4OH^-$	−0.85
221	$Na^++e^- = Na$	−2.713
222	$Nb^{3+}+3e^- = Nb$	−1.099
223	$NbO_2+4H^++4e^- = Nb+2H_2O$	−0.690
224	$Nb_2O_5+10H^++10e^- = 2Nb+5H_2O$	−0.644
225	$Nd^{2+}+2e^- = Nd$	−2.1
226	$Nd^{3+}+3e^- = Nd$	−2.323
227	$Ni^{2+}+2e^- = Ni$	−0.257
228	$NiCO_3+2e^- = Ni+CO_3^{2-}$	−0.45
229	$Ni(OH)_2+2e^- = Ni+2OH^-$	−0.72
230	$NiO_2+4H^++2e^- = Ni^{2+}+2H_2O$	1.678
231	$O_2+4H^++4e^- = 2H_2O$	1.229
232	$O_2+2H_2O+4e^- = 4OH^-$	0.401
233	$O_3+H_2O+2e^- = O_2+2OH^-$	1.24
234	$Os^{2+}+2e^- = Os$	0.85
235	$OsO_4+8H^++8e^- = Os+4H_2O$	0.838
236	$OsO_4+4H^++4e^- = OsO_2+2H_2O$	1.02
237	$P+3H_2O+3e^- = PH_3(g)+3OH^-$	−0.87

续表

序号	电极过程	$E_A^{\ominus}/V$
238	$H_2PO_2^- + e^- = P + 2OH^-$	−1.82
239	$H_3PO_3 + 2H^+ + 2e^- = H_3PO_2 + H_2O$	−0.499
240	$H_3PO_3 + 3H^+ + 3e^- = P + 3H_2O$	−0.454
241	$H_3PO_4 + 2H^+ + 2e^- = H_3PO_3 + H_2O$	−0.276
242	$PO_4^{3-} + 2H_2O + 2e^- = HPO_3^{2-} + 3OH^-$	−1.05
243	$Pb^{2+} + 2e^- = Pb$	−0.126
244	$Pb^{2+} + 2e^- = Pb(Hg)$	−0.121
245	$PbBr_2 + 2e^- = Pb + 2Br^-$	−0.284
246	$PbCl_2 + 2e^- = Pb + 2Cl^-$	−0.268
247	$PbCO_3 + 2e^- = Pb + CO_3^{2-}$	−0.506
248	$PbF_2 + 2e^- = Pb + 2F^-$	−0.344
249	$PbI_2 + 2e^- = Pb + 2I^-$	−0.365
250	$PbO + H_2O + 2e^- = Pb + 2OH^-$	−0.580
251	$PbO + 2H^+ + 2e^- = Pb + H_2O$	0.25
252	$PbO_2 + 4H^+ + 2e^- = Pb^{2+} + 2H_2O$	1.455
253	$HPbO_2^- + H_2O + 2e^- = Pb + 3OH^-$	−0.537
254	$PbO_2 + SO_4^{2-} + 4H^+ + 2e^- = PbSO_4 + 2H_2O$	1.691
255	$PbSO_4 + 2e^- = Pb + SO_4^{2-}$	−0.359
256	$Pd^{2+} + 2e^- = Pd$	0.915
257	$PdBr_4^{2-} + 2e^- = Pd + 4Br^-$	0.6
258	$PdO_2 + H_2O + 2e^- = PdO + 2OH^-$	0.73
259	$Pd(OH)_2 + 2e^- = Pd + 2OH^-$	0.07
260	$Pt^{2+} + 2e^- = Pt$	1.18
261	$[PtCl_6]^{2-} + 2e^- = [PtCl_4]^{2-} + 2Cl^-$	0.68
262	$Pt(OH)_2 + 2e^- = Pt + 2OH^-$	0.14
263	$PtO_2 + 4H^+ + 4e^- = Pt + 2H_2O$	1.00
264	$PtS + 2e^- = Pt + S^{2-}$	−0.83
265	$Rb^+ + e^- = Rb$	−2.98
266	$Re^{3+} + 3e^- = Re$	0.300
267	$ReO_2 + 4H^+ + 4e^- = Re + 2H_2O$	0.251
268	$ReO_4^- + 4H^+ + 3e^- = ReO_2 + 2H_2O$	0.510
269	$ReO_4^- + 4H_2O + 7e^- = Re + 8OH^-$	−0.584

续表

序号	电极过程	$E_A^{\ominus}/V$
270	$Rh^{2+}+2e^-$ ══ Rh	0.600
271	$Rh^{3+}+3e^-$ ══ Rh	0.758
272	$Ru^{2+}+2e^-$ ══ Ru	0.455
273	$RuO_2+4H^++2e^-$ ══ $Ru^{2+}+2H_2O$	1.120
274	$RuO_4+6H^++4e^-$ ══ $Ru(OH)_2^{2+}+2H_2O$	1.40
275	$S+2e^-$ ══ S^{2-}	−0.476
276	$S+2H^++2e^-$ ══ $H_2S(aq.)$	0.142
277	$S_2O_6^{2-}+4H^++2e^-$ ══ $2H_2SO_3$	0.564
278	$2SO_3^{2-}+3H_2O+4e^-$ ══ $S_2O_3^{2-}+6OH^-$	−0.571
279	$2SO_3^{2-}+2H_2O+2e^-$ ══ $S_2O_4^{2-}+4OH^-$	−1.12
280	$SO_4^{2-}+H_2O+2e^-$ ══ $SO_3^{2-}+2OH^-$	−0.93
281	$Sb+3H^++3e^-$ ══ SbH_3	−0.510
282	$Sb_2O_3+6H^++6e^-$ ══ $2Sb+3H_2O$	0.152
283	$Sb_2O_5+6H^++4e^-$ ══ $2SbO^++3H_2O$	0.581
284	$SbO_3^-+H_2O+2e^-$ ══ $SbO_2^-+2OH^-$	−0.59
285	$Sc^{3+}+3e^-$ ══ Sc	−2.077
286	$Sc(OH)_3+3e^-$ ══ $Sc+3OH^-$	−2.6
287	$Se+2e^-$ ══ Se^{2-}	−0.924
288	$Se+2H^++2e^-$ ══ $H_2Se(aq.)$	−0.399
289	$H_2SeO_3+4H^++4e^-$ ══ $Se+3H_2O$	−0.74
290	$SeO_3^{2-}+3H_2O+4e^-$ ══ $Se+6OH^-$	−0.366
291	$SeO_4^{2-}+H_2O+2e^-$ ══ $SeO_3^{2-}+2OH^-$	0.05
292	$Si+4H^++4e^-$ ══ $SiH_4(g)$	0.102
293	$Si+4H_2O+4e^-$ ══ SiH_4+4OH^-	−0.73
294	$SiF_6^{2-}+4e^-$ ══ $Si+6F^-$	−1.24
295	$SiO_2+4H^++4e^-$ ══ $Si+2H_2O$	−0.857
296	$SiO_3^{2-}+3H_2O+4e^-$ ══ $Si+6OH^-$	−1.697
297	$Sn^{2+}+2e^-$ ══ Sn	−0.138
298	$Sn^{4+}+2e^-$ ══ Sn^{2+}	0.151
299	$SnCl_4^{2-}+2e^-$ ══ $Sn+4Cl^-$ (1mol/L HCl)	−0.19
300	$SnF_6^{2-}+4e^-$ ══ $Sn+6F^-$	−0.25
301	$Sn(OH)_3^++3H^++2e^-$ ══ $Sn^{2+}+3H_2O$	0.142
302	$SnO_2+4H^++4e^-$ ══ $Sn+2H_2O$	−0.117

续表

序号	电极过程	$E_A^\ominus$/V
303	$Sn(OH)_6^{2-}+2e^- \rightleftharpoons HSnO_2^- + 3OH^- + H_2O$	−0.93
304	$Sr^{2+}+2e^- \rightleftharpoons Sr$	−2.899
305	$Sr^{2+}+2e^- \rightleftharpoons Sr(Hg)$	−1.793
306	$Sr(OH)_2+2e^- \rightleftharpoons Sr+2OH^-$	−2.88
307	$TcO_4^- + 8H^+ + 7e^- \rightleftharpoons Tc+4H_2O$	0.472
308	$TcO_4^- + 2H_2O+3e^- \rightleftharpoons TcO_2+4OH^-$	−0.311
309	$Te+2e^- \rightleftharpoons Te^{2-}$	−1.143
310	$Te^{4+}+4e^- \rightleftharpoons Te$	0.568
311	$Ti^{2+}+2e^- \rightleftharpoons Ti$	−1.630
312	$Ti^{3+}+3e^- \rightleftharpoons Ti$	−1.37
313	$TiO_2+4H^+ + 2e^- \rightleftharpoons Ti^{2+}+2H_2O$	−0.502
314	$TiO^{2+}+2H^+ + e^- \rightleftharpoons Ti^{3+}+H_2O$	0.1
315	$Tl^+ + e^- \rightleftharpoons Tl$	−0.336
316	$Tl^{3+}+3e^- \rightleftharpoons Tl$	0.741
317	$Tl^{3+}+Cl^- + 2e^- \rightleftharpoons TlCl$	1.36
318	$TlBr+e^- \rightleftharpoons Tl+Br^-$	−0.658
319	$TlCl+e^- \rightleftharpoons Tl+Cl^-$	−0.557
320	$TlI+e^- \rightleftharpoons Tl+I^-$	−0.752
321	$Tl_2O_3+3H_2O+4e^- \rightleftharpoons 2Tl^+ + 6OH^-$	0.02
322	$TlOH+e^- \rightleftharpoons Tl+OH^-$	−0.34
323	$Tl_2SO_4+2e^- \rightleftharpoons 2Tl+SO_4^{2-}$	−0.436
324	$V^{2+}+2e^- \rightleftharpoons V$	−1.175
325	$VO^{2+}+2H^+ + e^- \rightleftharpoons V^{3+}+H_2O$	0.337
326	$VO^{2+}+2H^+ + e^- \rightleftharpoons VO^{2+}+H_2O$	0.991
327	$VO^{2+}+4H^+ + 2e^- \rightleftharpoons V^{3+}+2H_2O$	0.668
328	$V_2O_5+10H^+ + 10e^- \rightleftharpoons 2V+5H_2O$	−0.242
329	$W^{3+}+3e^- \rightleftharpoons W$	0.1
330	$WO_3+6H^+ + 6e^- \rightleftharpoons W+3H_2O$	−0.090
331	$W_2O_5+2H^+ + 2e^- \rightleftharpoons 2WO_2+H_2O$	−0.031
332	$Zn^{2+}+2e^- \rightleftharpoons Zn$	−0.7618
333	$Zn^{2+}+2e^- \rightleftharpoons Zn(Hg)$	−0.7628
334	$Zn(OH)_2+2e^- \rightleftharpoons Zn+2OH^-$	−1.249
335	$ZnS+2e^- \rightleftharpoons Zn+S^{2-}$	−1.40
336	$ZnSO_4+2e^- \rightleftharpoons Zn(Hg)+SO_4^{2-}$	−0.799

注：表中所列的标准电极电势（25.0 ℃，101.325 kPa）是相对于标准氢电极电势的值。标准氢电极电势被规定为零伏特（0.0 V）。

参 考 文 献

［1］ 罗世忠等. 基础化学实验（第三版）. 北京：科学出版社，2024.

［2］ 王广胜等. 基础化学实验. 北京：北京航空航天大学出版社，2024.

［3］ 吴俊森等. 大学基础化学实验（第三版）. 北京：化学工业出版社，2021.

［4］ 蒲雪梅等. 大学化学实验（第三版）. 北京：化学工业出版社，2024.

［5］ 许贯虹等. 大学化学实验（第二版）. 北京：化学工业出版社，2025.

［6］ 李金灵等. 普通化学实验（第三版）. 北京：化学工业出版社，2020.